热带农业科学一流学科丛书

国家自然科学基金项目资助（30760025，31060123，39760014）

Mystical Wild Fruit in China
Capparis masaikai Levl.

中国神秘野果
——马槟榔

胡新文　郭建春　著

科学出版社

北　京

内 容 简 介

马槟榔作为濒危物种，具有较高的开发利用价值，开展针对马槟榔的基础研究和物种保护、开发应用研究具有十分重要的意义。本书主要介绍了马槟榔种源界定及文献描述、马槟榔的形态学、种质资源分布、野生生境研究、遗传多样性、马槟榔甜蛋白、*Mabinlin II* 的克隆及表达、人工引种驯化栽培研究，以及马槟榔的病虫害和产业化发展相关内容。

本书适合从事马槟榔研究与应用的科研和技术人员、高等院校相关专业的教师与学生参考使用。

图书在版编目（CIP）数据

中国神秘野果——马槟榔 / 胡新文，郭建春著．—北京：科学出版社，2018.11

（热带农业科学一流学科丛书）

ISBN 978-7-03-059244-6

Ⅰ．①中… Ⅱ．①胡… ②郭… Ⅲ．①槟榔－介绍 Ⅳ．① S792.91

中国版本图书馆 CIP 数据核字（2018）第 249260 号

责任编辑：张静秋 / 责任校对：杨 赛
责任印制：吴兆东 / 封面设计：蓝正设计

科 学 出 版 社 出版

北京东黄城根北街 16 号
邮政编码：100717
http://www.sciencep.com

北京建宏印刷有限公司 印刷

科学出版社发行 各地新华书店经销

*

2018 年 11 月第 一 版 开本：720×1000 1/16
2019 年 1 月第二次印刷 印张：10 1/2
字数：220 000

定价：88.00 元
（如有印装质量问题，我社负责调换）

马槟榔是中国特有的一种野生植物，也是我国唯一产甜蛋白的植物。马槟榔种子中含有的甜蛋白称为马宾灵（Mabinlin），其甜度是蔗糖的 400 倍，甜味阈值为 0.1%，与碳水化合物的糖类相比，其甜度高、热量低，不会使体内血糖升高，为糖尿病患者带来了福音。同时，甜蛋白被消化分解后会产生人体所需的各种氨基酸，为甜味添加剂的开发带来了广阔前景。马槟榔的种子可以入药，其药理在我国古代就已经有研究。马槟榔在我国分布于北回归线一带，研究推断我国目前现存马槟榔 894～1141 株，根据世界自然保护联盟（IUCN）公布的标准，应该把马槟榔列入"濒危"等级（总的数量少于 2500 株）。

马槟榔是我国热带、亚热带地区的特有树种，其资源分布在不同文献中说法不一，且不同文献对马槟榔的形态特征描述有较大差别。为了全面系统地介绍马槟榔的生物学特性及其产业化研究的成果，从而更好地保护、利用马槟榔资源，我们写作了本书。本书分为 10 章，对马槟榔的种源界定，形态学，种质资源的分布及生境，遗传多样性，基因和甜蛋白研究，人工驯化栽培和病虫害及产业化发展的现状和前景等进行了全面介绍，纠正了一些文献中关于马槟榔的错误记载。本书内容涵盖了马槟榔的相关最新研究成果，汇集了多位研究人员和教师的科研与教学经验，特别是于旭东、吴繁花、刘四新、庞庆精、代正福、郑成义、胡景平、黄勇、杨荣信、张超、罗灿、顾文亮等师生参与了马槟榔相关研究，并取得大量数据信息，充实了本书内容，在此表示衷心感谢。

愿本书的出版，有助于规范马槟榔的产业化开发与利用，同时希望能够引起人们的重视，加强对马槟榔种质资源的保护。限于时间和水平，书中难免出现错误或遗漏之处，恳请广大读者不吝赐教，提出宝贵意见，以便修正和完善。

著　者

2018 年 5 月

C O N T E N T S 目录

第1章 马槟榔种源界定及文献描述 ·· 1

1.1 名称与分类 ·· 1
1.2 文献对马槟榔形态特征的描述 ·· 7
1.3 文献对马槟榔野生生境的描述 ·· 8
1.4 文献对马槟榔资源分布的描述 ·· 9
1.5 文献对马槟榔生长习性的描述 ·· 9

第2章 马槟榔的形态学 ··· 10

2.1 马槟榔根的形态学 ·· 10
2.1.1 根的发生 ·· 10
2.1.2 根的形态 ·· 10
2.1.3 根的数量 ·· 12
2.1.4 根的结构 ·· 12
2.2 马槟榔茎的形态学 ·· 12
2.2.1 茎的发生 ·· 13
2.2.2 茎的形态 ·· 13
2.2.3 茎的芽 ·· 14
2.2.4 茎的结构 ·· 14
2.3 马槟榔叶的形态学 ·· 14
2.3.1 叶的发生 ·· 15
2.3.2 叶的形态 ·· 16
2.3.3 叶的结构 ·· 16
2.4 马槟榔花的形态学 ·· 16
2.4.1 花的发生 ·· 16

2.4.2 花序 ··· 17

2.4.3 萼片、花瓣和雄蕊 ·· 17

2.4.4 子房和胚珠 ·· 18

2.4.5 花程式和花图式 ·· 18

2.4.6 花药和花粉的萌发 ·· 18

2.4.7 花粉的传播与授粉 ·· 19

2.5 马槟榔果的形态学 ··· 20

2.5.1 果的发生 ·· 20

2.5.2 果实 ·· 20

2.5.3 果皮 ·· 21

2.6 马槟榔种子形态学 ··· 23

2.6.1 种子 ·· 23

2.6.2 种皮 ·· 26

2.6.3 种仁 ·· 26

2.6.4 种子萌发的动态观察 ·· 29

2.7 马槟榔形态学研究的相关讨论与结论 ························· 29

2.7.1 植物学形态 ··· 29

2.7.2 形态结构与马槟榔结实率 ·································· 29

第 3 章 马槟榔种质资源分布 ·· 30

3.1 马槟榔种质资源调查 ·· 30

3.1.1 调查方法 ·· 30

3.1.2 调查用具 ·· 30

3.1.3 调查过程 ·· 31

3.1.4 调查地点 ·· 32

3.2 马槟榔在我国的分布 ·· 33

3.2.1 地理分布 ·· 33

3.2.2 数量分布 ·· 34

3.2.3 我国马槟榔资源分布区的划分 ··························· 37

3.3 马槟榔种质资源相关讨论与结论 ································ 37

3.3.1 野生马槟榔数量减少的原因分析 ························ 37

3.3.2 马槟榔分布区的中心 ·· 38

3.3.3 马槟榔在越南有分布的预测 ······························ 38

3.3.4 马槟榔作为保护植物的定级 ······························ 39

第 4 章　马槟榔野生生境研究 40

4.1　马槟榔野生生境的地形地貌 40
4.2　马槟榔赖以生存的土壤研究 40
4.2.1　土壤的机械组成 40
4.2.2　土壤的物理性质 41
4.2.3　土壤的酸碱度 42
4.2.4　土壤的营养元素 43
4.2.5　土壤有机质 46
4.2.6　花期土壤湿度 46
4.3　马槟榔生境气候特征 47
4.4　马槟榔生境地植被状况与伴生植物 49
4.4.1　马槟榔植被状况 49
4.4.2　伴生植物与马槟榔长势的相关性分析 53

第 5 章　马槟榔的遗传多样性 55

5.1　马槟榔总 DNA 提取（SDS-CTAB 法提取总 DNA） 55
5.2　RAPD 反应体系的优化 56
5.2.1　dNTPs 浓度 56
5.2.2　Primer 浓度 56
5.2.3　TaqDNA 聚合酶浓度 57
5.2.4　模板 DNA 浓度 57
5.2.5　优化后的 RAPD 反应体系 57
5.3　引物的筛选 58
5.4　种质资源遗传多样性分析 60
5.4.1　RAPD 扩增产物的多态性分析 60
5.4.2　RAPD 相似系数分析 60
5.4.3　RAPD 聚类分析 62
5.5　遗传多样性分析与马槟榔历史变迁 63
5.6　马槟榔存在亚种或变种的推论 64

第 6 章　马槟榔甜蛋白 65

6.1　马宾灵的分离纯化 65
6.1.1　提取方法 65
6.1.2　马宾灵同系物蛋白的分离 66

　　6.1.3　马宾灵及其同系物蛋白的活性·········66
　　6.1.4　马宾灵及其同系物蛋白的氨基酸序列·········66
　6.2　马宾灵的结构分析·········67
　　6.2.1　马宾灵氨基酸序列的理化性质分析·········67
　　6.2.2　马宾灵氨基酸序列的信号肽的预测和分析·········67
　　6.2.3　马宾灵氨基酸序列的卷曲螺旋的预测和分析·········67
　　6.2.4　马宾灵氨基酸序列的跨膜结构域的预测和分析·········68
　　6.2.5　马宾灵氨基酸序列的二硫键的预测和分析·········68
　　6.2.6　马宾灵氨基酸序列的疏水性 / 亲水性预测和分析·········68
　　6.2.7　马宾灵氨基酸序列结构功能域的预测和分析·········69
　　6.2.8　马宾灵氨基酸序列二级结构的预测和分析·········69
　6.3　马宾灵的甜味机理·········69
　　6.3.1　温度和 pH 对甜味的影响·········69
　　6.3.2　Ca^{2+} 对蛋白质的甜味效应·········69
　　6.3.3　马宾灵的甜味转导机理·········69
　6.4　马宾灵的体外表达研究·········71
　　6.4.1　马宾灵在拟南芥中的表达·········71
　　6.4.2　马宾灵在大肠杆菌中的表达·········74
　　6.4.3　马宾灵体外表达的分析·········75

第 7 章　*Mabinlin II* 的克隆及表达·········78

　7.1　*Mabinlin II* 基因的克隆及其序列分析·········78
　　7.1.1　*Mabinlin II* 基因克隆及序列测定·········78
　　7.1.2　*Mabinlin II* 基因在马槟榔各器官组织中的表达分析·········80
　7.2　*Mabinlin II* 基因启动子的分离·········81
　　7.2.1　马槟榔基因组 DNA 提取及限制性内切酶消化·········82
　　7.2.2　*Mabinlin II* 基因 5′ 上游区扩增及序列测定·········82
　　7.2.3　*Mabinlin II* 基因启动子序列分析·········85
　7.3　*Mabinlin II* 基因启动子的功能验证·········91
　　7.3.1　启动子各缺失片段的载体构建及转化农杆菌·········91
　　7.3.2　拟南芥稳定表达鉴定 *Mabinlin II* 基因启动子活性及时空表达特异性···93
　　7.3.3　烟草中表达鉴定 *Mabinlin II* 基因启动子活性及时空表达特异性···99
　　7.3.4　*Mabinlin II* 基因启动子活性与顺式作用元件相关性分析·········101

第8章　马槟榔人工引种驯化栽培研究 ················· 105

8.1　马槟榔的常规繁育 ················· 105
8.1.1　扦插育苗 ················· 105
8.1.2　种子育苗 ················· 108
8.1.3　压条繁殖 ················· 111
8.1.4　结论 ················· 112

8.2　马槟榔组织培养快繁 ················· 113
8.2.1　外植体的选择 ················· 113
8.2.2　外植体消毒方法 ················· 113
8.2.3　不同培养基对愈伤组织形成的影响 ················· 113
8.2.4　光照对愈伤组织和丛生芽形成的影响 ················· 114
8.2.5　不同培养基对丛生芽增殖的影响 ················· 115
8.2.6　不同培养基对丛生芽生根的影响 ················· 115
8.2.7　结论 ················· 116

8.3　马槟榔人工栽培研究 ················· 116
8.3.1　槟榔地间种马槟榔的成活率及其长势 ················· 116
8.3.2　不同树龄马槟榔光合速率分析 ················· 117
8.3.3　不同树龄马槟榔叶绿素含量分析 ················· 119
8.3.4　结论 ················· 120

第9章　马槟榔的病虫害 ················· 122

9.1　马槟榔的虫害 ················· 122
9.1.1　调查的材料与方法 ················· 122
9.1.2　调查结果 ················· 123
9.1.3　虫害防治与生态环境的关系 ················· 131

9.2　马槟榔叶片病原菌分离鉴定及拮抗放线菌的筛选 ················· 131
9.2.1　材料与方法 ················· 131
9.2.2　结果分析 ················· 135
9.2.3　讨论 ················· 144
9.2.4　结论 ················· 145

第10章　马槟榔的产业化发展 ················· 147

10.1　马槟榔的药用 ················· 147

10.2 马槟榔规模化栽培种植 ·· 148

10.3 马槟榔甜蛋白产业 ·· 148

10.4 马槟榔甜蛋白的生物工程研究 ······························ 150

参考文献 ··· 152

第1章 马槟榔种源界定及文献描述

　　首先，因地域不同，人们对马槟榔（*Capparis masaikai* Levl.）的称呼迥然有异，如水槟榔、屈头鸡、山槟榔、太极子、马金囊、马金南、紫槟榔等。其次，由于不同的文献作者所处环境不同或条件有限，对马槟榔的描述相差甚远。因此，在详细介绍此神秘野果之前，我们首先要为其正名——马槟榔。

　　记录马槟榔生物学特性的文献并不多，现将查阅到的相关资料进行整理，并分别从马槟榔的名称与分类、形态特征、野生生境、分布范围、生长习性等方面进行概述。

1.1 名称与分类

　　马槟榔所在属植物种类较多（我国有 31 种），有些种的植物形态特征极其相近或相似，在文献资料、中药名、民间称呼中该属植物的学名、别名、俗名等相互混杂，如马槟榔的别名就与几种同属植物相同。祁振声曾撰文考证过云南马槟榔，并指出《中国高等植物图鉴（第二册）》将水槟榔作为学名、将马槟榔作为别名的错误所在。又如《中国植物志》称马槟榔（云南屏边、西畴）为水槟榔（广西河池、白色），屈头鸡，山槟榔（云南西畴），太极子（云南中药名），《本草纲目》中记载马槟榔的释名为马金囊、马金南、紫槟榔，《中华人民共和国药典》记载马槟榔别名为太极子、马金囊、马金南、紫槟榔、水槟榔、山槟榔等，《中国高等植物图鉴》称马槟榔为水槟榔、马槟榔、屈头鸡等。据调查，在广西，这种植物称为水槟榔、紫槟榔，其种子有甜味，干后能入药，但屈头鸡的别名应该有误，《中国高等植物图鉴（补编第一册）》后来予以更正。然而，这些称呼中的水槟榔、紫槟榔、屈头鸡均指马槟榔所在属中不同于马槟榔的种：水槟榔实为野槟榔（*C. chingiana* B.S. Sun），紫槟榔实为文山山柑（*C. fengii* B. S. Sun），在分类检索表中屈头鸡（*C. versicolor* Griff.）与马槟榔极相似。在医药领域，广西和云南入药的马槟榔，其原植物多为水槟榔（*C. pterocarpa* Chun.），在广东屈头鸡的种子亦作马槟榔使用。而别名为马槟榔的文山山柑与马槟榔种子相似，外观性状难以区分，民间曾把文山山柑作为马槟榔药用，造成误服文山山柑种子过量而中毒，严重者呕吐不止而死。

马槟榔在不同文献中划分科属的中文名不同，《中国种子植物科属词典》（1982）把 Capparis 称为槌果藤属，归属白花菜科（Capparidaceae）。近代有分类系统主张将白花菜目下广义的白花菜科〔原来分有山柑亚科（Capparidiodaceae）和白花菜亚科（Cleomoiceae）〕分成 2 科，分别为山柑科（Capparidaceae）和白花菜科（Cleomaceae），那么 Capparis 就是山柑属，由此，马槟榔所在的山柑属就归属在山柑科。文献对马槟榔的分类有两种：一种是归为白花菜科（Capparidaceae）槌果藤属（Capparis）；另一种为山柑科（Capparidaceae）山柑属（Capparis）。虽然归类不同，但拉丁文一样，到目前为止，这两种归类法都在运用。如 1972 年版的《中国高等植物图鉴（第二册）》将马槟榔归为白花菜科槌果藤属植物，1998 年代正福发表的文章和 1986 年版《广西植物志》中记载也是如此。而在 1977 年版《中华人民共和国药典（一部）》、1979 年版《云南植物志（第二卷）》中将马槟榔归入山柑科山柑属。1982 年版的《中国高等植物图鉴补编第一册》改变了 1972 年版的归类方法，将马槟榔归为山柑科山柑属。

本书所界定的马槟榔是以中国科学院植物研究所主编的《中国高等植物图鉴补编第一册》中记载的马槟榔为研究对象。下文为马槟榔科属检索表。

山柑科 Capparidaceae

草本，灌木或乔木，有时为木质藤本，无乳汁。叶互生，很少对生，单叶或掌状复叶；托叶细小，刺状或腺状，有时无托叶。花序由数至多花组成顶生或腋生的总状；伞房状或圆锥花序，或 2 至数花沿枝条向上排成一短纵列腋上生，少有单花腋生，花异被，两性，稀杂性或单性，辐射对称或两侧对称，常有苞片；萼片 4～8，常为 4 片，排成 2 轮或 1 轮，分离或基部连生，少有外轮或全部萼片连生成帽状；花瓣 4～8，常为 4 片，与萼片互生，在芽中的排列为闭合式或开放式，分离，无柄或有爪，有时无花瓣；花托常延长成或长或短的雌雄蕊柄，常有各式各样的腺体；雄蕊 6 至多数，着生在花托基部或顶部，花丝在芽中时内折或螺旋形，花药背着，2 室，内向；雌蕊由 2（～8）心皮组成，有长或短的雌蕊柄，有时无柄；子房卵形或圆柱形，1 室有 2 至数个侧膜胎座，少有 3～6 室而具中轴胎座，花柱不明显，有时丝状，少有花柱 3 枚，柱头头状或不明显；胚珠常多数，弯生。果为有坚韧外果皮的浆果或瓣裂蒴果，球形或伸长。种子 1 至多数，肾形或多角形；胚弯曲，胚乳少量或不存在。

约 45 属，近 1000 种，主产热带与亚热带，少数至温带。我国有 5 属，42 种。

分属检索表

1. 果为浆果，常不开裂，既无胎座框，也无宿存中轴；乔木、灌木或木质藤本；单叶或有时为互生具 3 小叶的掌状复叶。

　2. 有花瓣；子房具侧膜胎座；果为浆果状，有 2 至多数种子。

　　3. 叶为具 3 小叶的掌状复叶；无刺又无毛；花瓣在芽中时的排列为开放式，有爪 ……………

··· 鱼木属 *Crateva* L.

3. 叶为单叶；常有刺与被毛；花瓣在芽中时的排列为闭合式，通常无爪···············

··· 山柑属 *Capparis* Tourn. ex L.

2. 无花瓣；子房具中轴胎座；果为核果状，有种子 1 粒，少有 2 粒（我国 1 种，产于云南南部至　东南部及海南）·····················斑果藤属 *Stixis* Lour.

1. 果为瓣裂蒴果，有胎座框或有宿存中轴；多为一年生草本，少有木本；叶为掌状复叶，互生或对生，具 3~9 小叶。

4. 木本，叶对生；花萼连生成帽状；果开裂后具宿存中轴···节萌木属 *Borthwickia* W. W. Smith

4. 草本，叶互生；花萼分离；果开裂后具胎座框（我国 6 种及 1 变种，主产长江以南各地，少数分布至华北，2 种城市常见栽培）···············白花菜属 *Cleome* L.

1. 鱼木属 *Crateva* L.

我国有 4 种，分布于云南、广西、广东、台湾。

2. 山柑属 *Capparis* Tourn. ex L.

我国有 31 种，除新疆产 1 种外，其余分布于西南至台湾。

分种检索表

1. 花 1/2~10 朵排成一短纵列，腋上生；少有花完全单生、腋生。

2. 花单出腋生；果实成熟后裂开（新疆）······················ 山柑 *C. spinosn* L.

2. 花 1/2~10 朵排成一短纵列，腋上生；果实成熟后不裂开。

3. 果小型，直径不过 2 cm；花梗与雌蕊柄、果实均不木质化增粗，直径约 15 mm 或更细。

4. 小枝基部无钻形苞片状小鳞片。

5. 叶基部不为心形；叶柄长在 3 mm 以上。

6. 萼片长 5/6~8/9 mm；雄蕊 18/20~35；雄蕊柄长 2~3 cm。

7. 新生枝被短茸毛，后变无毛；叶片长约为宽的 2~2.5 倍，侧脉 5~8/10 对。

8. 叶卵形，基部圆形或急尖，从不下延；小枝有刺，刺常外弯；被淡褐色或灰色毛（云南、四川西南部、贵州）····························野香橼花 *C. bodinieri* Levl.

8. 叶片为椭圆形，基部楔形或宽楔形，向下渐狭延成叶柄；小枝常无刺，被锈色毛（云南、贵州、广西、广东）····················雷公橘 *C. membranifolia* Kurz.

7. 新生枝常无毛；叶片长约为宽的 2.5~4.5/9 倍，侧脉 7~10 对。

9. 叶草质，干后变黑色（表面尤其如此）；花蕾球形，常 1~3 朵成一列；花瓣外面无毛，内被茸毛；果实成熟后黑色（云南金平、屏边）························

··· 黑叶山柑 *C. sabiaefolia* Hook. f. et Thoms.

9. 叶草质或薄革质，干后黄绿色；花蕾长圆形，常 2~5 朵成一列；花瓣只在边缘或顶部被毛；果实成熟后鲜红色（广东、福建、江西、湖南）························

··· 独行千里 *C. acutifolia* Sweet, Sensu str.

6. 萼片长 5 mm 或更短，雄蕊 18/21 或更少；雌蕊柄长 1~2 cm。

10. 叶片稍宽（约 2~4 cm），顶端缝缩成长 3~7 mm 的短尖头，中脉表面浅凹；小枝有强壮外弯的刺（云南西部）···············薄叶山柑 *C. stenera* Dalz.

10. 叶片稍狭（约 1~2/3 cm），顶端渐狭延成 1/1.5~2.5 cm 的长尾，中脉表面平面；小枝常无刺，如有刺，刺小，直或上举（云南、广西）························

··· 小绿刺 *C. urophylla* F. Chun

5. 叶基部心形，无柄或近无柄（广西西南部）············无柄山柑 ***C. subsessilis*** B. S. Sun

  4. 小枝基部有钻形苞片状小鳞片；花常7～10朵着成一列，数至多列生在花枝中间一段无叶的轴上；雄蕊10～12（云南南部）······**多花山柑 *C. multiflora*** Hook. f. et Th.

3. 果大型，直径常为3～6 cm；花梗与雌蕊柄果时均木质化增粗，直径3～6 mm或更粗。

  11. 小枝基部无钻形苞片状小鳞片；花期时雌蕊柄基部有白色茸毛；叶顶端有革质短尖头（广东、广西）····································· **牛眼睛 *C. zeylanica*** L.

  11. 小枝基部有钻形苞片状小鳞片；花期时雌蕊柄无毛；叶无革质短尖头。

    12. 花大型（萼片长15～20 mm），单出腋生或2朵成一列腋上生；雄蕊50以上（海南）

    ······**海南山柑 *C. hainanensis*** Oliv. in Hook. Ic. Pl.

    12. 花中等大，萼片7～10/13 mm，常2～6朵成一列，腋上生；雄蕊35以下。

      13. 雄蕊20～35；小枝常无刺，如有刺，刺长约1 mm（云南南部、广西合浦、海南）···

      ·······························**小刺山柑 *C. micracantha*** DC.

      13. 雄蕊8/12～16；小枝有上举或内弯长6～7 mm的刺（我国台湾省东部及南部）

      ························ **长刺山柑 *C. henryi*** Matsum.

1. 花排成伞房状、亚伞形或总状花序，常再组成圆锥花序。

  14. 小枝及花序基部均有钻形苞片状小鳞片。

    15. 花期时子房及雌蕊柄被毛；花1至数朵成腋生短总状花序，序轴不明显至长数毫米，有时数花簇生于叶腋（海南）··························**毛蕊山柑 *C. pubiflira*** DC.

    15. 花期时子房及雌蕊柄无毛；花很多，排成顶生或近顶生的总状花序，序轴纤细，长10～25/28 cm（云南南部及东南部）······**总序山柑 *C. assamica*** Hook. f. et Th.

  14. 小枝及花序基部均无钻形苞片状小鳞片。

    16. 伞房、亚伞形或短总状花序不具总花梗，顶生或在花枝上部有单花腋生与数花在枝顶集生。

      17. 花中等至大型，萼片长6～15 mm或更长；雌蕊柄长在15/20 mm以上；花梗与雌蕊柄果时常木质化增粗。

        18. 叶柄长1～3/4 mm；花期时雌蕊柄基部无毛。

          19. 雌蕊柄长3～4 cm；果椭圆形，干后灰色（云南）·······**元江山柑 *C. wui*** B. S. Sun

          19. 雌蕊柄长1.5～2 cm；果球形，干后黑褐色（幼果均如此）（海南）···

          ·························· **多毛山柑 *C. dasyphylla*** F. Chun

        18. 叶柄长在5 mm以上；花期时雌蕊柄基部有白色长柔毛。

          20. 子房及幼果表面光滑无毛（成熟果未见）（云南南部）···

          ························**荚蒾叶山柑 *C. viburnifolia*** Gagn.

          20. 子房及果实表面密被锈色茸毛（云南南部）···

          ························**毛果山柑 *C. trichocarpa*** B. S. Sun

      17. 花小型，萼片长3～4 mm；雌蕊柄长5/6～13 mm；花梗与雌蕊柄果时均不木质化增粗（广东雷州半岛、海南、广西南部沿海、云南南部）···**青皮刺 *C. sepiaria*** L.

    16. 伞房、亚伞形或短总状花序有总花梗，腋生及常在枝端再组成圆锥花序。

      21. 叶背被极密灰黄色永不脱落的柔毛（云南东南部、广西西部）···

      ··························· **毛叶山柑 *C. pubifolia*** B. Sun

      21. 叶背无毛，或幼时被毛，长成时变无毛。

22．花大型，萼片长 8/10～18/21 mm；外轮萼片革质或木质；雄蕊 45/50～120。

 23．新生枝无毛；叶厚革质，幼时即两面无毛。

  24．叶基部心形，干后暗红色；叶柄长约 1～1.2 cm；果椭圆形，长 7～13 cm，表面平滑（云南南部）···················· 勐海山柑 *C. fohaiensis* B. S. Sun

  24．叶基部楔形至近圆形，干后黄绿色；叶柄长 1.5～2.5 cm；果球形，直径 3～7.5 cm，表面平滑或有时具疣状突起（台湾、广东、海南）·· 台湾山柑 *C. formosana* Hemsl.

 23．新生枝被毛；叶薄草质或革质，幼时背面被毛，后变无毛。

  25．果表面平滑，无肋棱，顶端圆形至呈短喙状，干后不呈红紫色；叶仅幼时背面略被短柔毛，稍后即变无毛；被毛呈黄褐色（云南西部至南部）··· 苦子马槟榔 *C. yunnanensis* Craib et W. W. Smitl

  25．果表面有 4～8 条纵行不规则鸡冠状隆起的肋棱，肋间有不规则的突起，顶端有长 5～15 mm 的喙，干后呈红紫褐色；叶背被毛，晚期渐变无毛；被毛呈红褐色（云南南部、广西西部及西北部、贵州南部）·············· 马槟榔 *C. masaikai* Levl.

22．花中等或小型，萼片长 2～10 mm；外轮萼片草质或薄革质；雄蕊 45～50 或更少，少有雄蕊多至 70。

 26．萼片长 6～10 mm；雌蕊柄长 2～5 cm，果时直径在 2 mm 以上；果较大，直径常为 3～5 cm。

  27．花序下部有数花，花梗基部有 1 对黄色小刺；花枝上刺强壮，长达 5 mm，外弯成钩状（云南南部、广西西部至西北部）·············· 野槟榔 *C. chingiana* B. S. Sun

  27．花序中无刺；花枝无刺，或有短而直的刺。

   28．花成亚伞形花序，有花 1/2～5 朵；花萼外无毛；雄蕊 35 或更多。

    29．新生枝被褐色短柔毛，后变无毛，但在叶柄和节的附近始终能见残存被毛；叶顶端微缺，总花梗顶端常有 1～3 片败育的小型叶；雄蕊 50～70（广东、广西）·· 屈头鸡 *C. versicolor* Griff.

    29．新生枝无毛；叶顶端有小凸尖头；总花梗顶端无败育的小型叶；雄蕊约 35（云南东南部）···················· 文山山柑 *C. fengii* B. S. Sun

   28．花成短总状或伞房状花序，有花 7～12 朵；花萼外被短柔毛；雄蕊约 25（云南南部）·························· 屏边山柑 *C. khuamak* Gagn.

 26．萼片长 2～5/6 mm；雄蕊柄长 4～12 mm，果时不木质化增粗，直径常在 1 mm 左右；果较小，直径 1～2/2.5 cm。

  30．小枝被毛，后变无毛；萼片花后即脱落；雄蕊 20～45；胎座 2（云南南部、广西、广东、贵州南部及福建）·············· 广州山柑 *C. cantoniensis* Lour.

  30．小枝无毛；萼片花后短期宿存；雄蕊 7～9/12；胎座 4（我国台湾省南部）·· 少蕊山柑 *C. floribunda* Wight.

注：检索表中植物种名下画横线的为马槟榔（*C. masaikai* Levl.）

  由检索表中内容可知，我国马槟榔同属植物有 31 种，其中与马槟榔形态相近的种类有 7 种：勐海山柑（*C. fohaiensis* B. S. Sun）、台湾山柑（*C. formosana* Hemsl.）、苦子马槟榔（*C. yunnanensis* Craib et W. W. Smitl）、野槟榔（*C. chingiana* B.

S. Sun）、屈头鸡（*C. versicolor* Griff.）、文山山柑（*C. fengii* B. S. Sun）、屏边山柑（*C. khuamak* Gagn.）。其中有 4 种因植株形态或种子形态相近而经常被混淆：马槟榔（*C. masaikai* Levl.）、野槟榔（水槟榔）（*C. chingiana* B. S. Sun）、屈头鸡（保亭槌果藤）（*C. versicolor* Griff.）和文山山柑（*C. fengii* B. S. Sun）。这 4 种野生种质资源的生物学特征很相似，但在植株、花、果实、种子等形态结构方面也存在差别。

（1）马槟榔

木质藤本植物，藤长可达 50 m。幼枝先端密被红褐色毛，老枝无毛，但密生气孔。单叶互生，叶片卵形或椭圆形，长 8～20 cm，全缘，上面深绿色，下面灰绿色至黄褐色，叶背被毛，晚期渐变无毛，叶脉羽状，正面平滑，背面突起，叶柄有凹槽，刺状托叶 2 枚，质硬，外弯。花白色，顶生或腋生，由多个伞形花序组成硕大的圆锥花序，花枝无刺，总花柄长 1～4 cm，小花柄长 1～2.5 cm，密被黄褐色短茸毛；萼片 4，2 轮，为倒卵形，长 1～2 cm，两面均被咖啡色短毛；花瓣 4，长倒卵形，覆瓦状排列，长 1.3～1.7 cm，被白色柔毛；雄蕊 50 枚以上；子房卵形，子房柄长 4 cm，花柱不明显。果实球形，直径 4～8 cm，成熟时紫红色，表面有 4～8 条不规则纵皱。种子数枚，黑褐色或灰褐色；花期 4 月，果期 11 月。

（2）野槟榔

老枝褐色，幼枝密被褐色毛。单叶互生或对生，有短柄；叶片椭圆形，长 7～12 cm，宽 4～7 cm，先端钝尖，基部楔形，全缘，表面绿色光亮，背面灰绿色，有细毛，叶脉羽状，两面突起，叶片干后为褐色；托叶有时变为钩刺。花枝上有刺，花白色，花萼 4，两轮排列，长 0.2～1.0 cm；花瓣 4；雄蕊多数；子房柄粗，长达 3 cm，木质，果实卵形或近球形，长达 2 cm；种子黄白色或猩红色；花期 3～6 月；果期 8～12 月。

（3）屈头鸡

攀缘灌木，枝上有下弯的硬刺，嫩枝被微柔毛。叶纸质，椭圆形或长圆形，长 4～8 cm，顶端短尖，钝头，基部楔尖；侧脉每边 5～8 条；叶柄长 5～10 mm，被微柔毛。花夏季开放，有香气，长 2～4 朵排成顶生和腋生的伞形花序，很少单花，总花梗很短；花梗长 2～3 cm，无毛；萼片 4，外面 2 片卵圆形，里面 2 片椭圆形，长 8～10 mm；花瓣 4，白色或淡红色，倒卵形，雄蕊多数比花瓣长很多；子房 1 室。浆果大，卵球形，直径 3～5 cm，果皮厚 3 mm，表面粗糙，常有槽纹，种子近肾形，长 1.5～2.5 cm。

（4）文山山柑

攀缘灌木，高达 10 m，除花瓣外全体光滑无毛；新生枝无毛，干后黄褐色，老枝近圆柱形，暗褐色，髓部白色；小枝上刺呈黄色半球形突起，枝上刺粗壮，长 2～3 mm，外弯。叶长圆状披针形，长 9～12 cm，宽 3～4 cm，长成时坚纸质，干后两面黄绿色，顶端急尖或渐尖，有长 2～3 mm 的小凸尖头，基部急尖，两侧略不对称，中脉稍阔，表面下凹，背面凸起，暗红色，侧脉纤细，9～10/13 对，两面微凸，网状脉不甚明显；叶柄半圆柱形，长 5～11 mm。伞房状花序腋生及顶生，有花 2～5 朵，花序上无小型叶，总花梗扁平，长 1～3 cm；花初时白色后转红色，花梗长 1.5～3 cm，果时木化增粗，直径约 3 mm；萼片长约 9 mm，宽约 7 mm，外轮内凹成舟形，内轮近扁平，倒卵形，内外均无毛；花瓣倒卵状长圆形，长约 15 mm，外面中部以下密被短茸毛，内面全体被毛；雄蕊约 35 枚；雌蕊柄长 3～5 cm，无毛，果时木化增粗，直径约 3 mm；子房近球形，无毛，约（2～2.5）mm×（1.5～2）mm，顶端有极短的喙，胎座 4，每胎座有多数胚珠。果近球形，长 5.5～6 cm，直径约 5 cm，表面密被细疣状突起，干后暗黄褐色，果皮厚约 2 mm，淡红色；种子大，长与宽约 2 cm，厚约 1.3 cm；花期 4～5 月，果期 10 月。

以上 4 种植物特征对比，可以清晰地判别马槟榔。为规范马槟榔的学名及别名，建议采用中国科学院植物研究所主编的《中国高等植物图鉴 补编第一册》中记载的"马槟榔（*C. masaiki* Levl.）"一名，在发表学术论文或撰写正式文件、文献时尽可能不使用别名或俗名。因此，本书介绍的对象界定为种子植物门被子植物亚门双子叶植物纲山柑科山柑属植物马槟榔（*C. masaikai* Levl.）。

1.2　文献对马槟榔形态特征的描述

《中国高等植物图鉴 第二册》对马槟榔的形态特征描述为：攀缘灌木；小枝黄绿色，幼时密生褐色毛，老枝褐色，无毛。叶革质，椭圆形，长 7～13 cm，宽 3.5～7 cm，先端圆钝，具小尖，基部宽楔形或圆形，全缘，上面光亮，无毛，下面有细柔毛，侧脉 8～10 对；叶柄长约 1.5 cm；托叶有时成短刺，长 2～3 mm。近伞形花序；萼片 4；花瓣 4，白色；雄蕊多数；子房柄粗，木质，长达 3 cm。果实卵形或近球形，长 2～3 cm，褐色，不裂，先端具 1 喙，果皮皱缩，有不规则棱及粗短棘状突起。

《中国植物志》对马槟榔的形态特征描述更详细：灌木或攀缘植物，高达 7.5 m。新生枝略扁平，带红色，密被锈色短茸毛，有纵行的棱与凹陷的槽纹；刺粗壮，长达 5 mm，基部膨大，尖利，外弯，花枝上常无刺。叶椭圆形或长圆形，有时椭圆状倒卵形，长 7～20 cm，宽 3.5～9 cm，顶端圆形或钝形，有时急尖或渐尖，基部圆形或宽楔形，近革质，干后常呈暗红褐色，表面近无毛，背面密被脱落较迟的锈色短茸毛，中脉稍宽阔，表面微凹，背面淡紫色，凸起，侧脉 6～10 对，背面微凸起，与中脉同色，网状脉不明显；叶柄粗壮，长 12～21 mm，直径约 2 mm，被毛与枝相同。亚伞形花序腋生或在枝端再组成 10～20 cm 长的圆锥花序，花序中常有不正常发育的小叶，各部均密被锈色短茸毛；亚伞形花序有花3～8朵，总花梗长1～5 cm；花中等大小，白色或粉红色；萼片长8～12 mm，宽5～8 mm，外面密被锈色短茸毛，内面无毛，外轮内凹成半球形，革质，内轮稍内凹，质薄；花瓣长12～15 mm，两面均被茸毛，上面2个较宽，长圆状倒卵形，基部包着花盘，下面2个较狭，长圆形；雄蕊45～50，雄蕊柄2～3 cm，无毛；子房卵球形，表面有数条纵向的棱与沟，长2～3 mm，直径1～1.5 mm，无毛，胎座3/4，每胎座有7～9个胚珠，胚珠弯生，珠柄长。果球形至近椭圆形，长4～6 cm，直径4～5 cm，成熟及干后紫红褐色，表面有4～8条纵行鸡冠状高3～6 mm的肋棱，顶端有15 mm长的喙；花梗及雌蕊柄果时木质化增粗，全长4.5～7 cm，直径3～5 mm；果皮硬革质，厚约5 mm，紫红色。种子数至十余粒，长约1.8 cm，宽约1.5 cm，高约1 cm，种皮紫红褐色。花期5～6月，果期11～12月。

　　1998年，代正福以水槟榔为名（实为马槟榔）报道了贵州望谟马槟榔的根、茎、叶、花、果实的形态特征：直立木质根系，主根较粗，侧根5～6条，须根较少。7～8年生植株主根深3～4 m。根皮灰白色，木质白色。主茎高12 m。主枝3～4枝，从主茎地上部40～50 cm处始发。刚抽生的嫩枝表面附有较密的锈色茸毛，木质部褐色，髓部咖啡色。当新梢长至2个月时，表面锈色茸毛大部分脱落，木质部灰白色，髓部呈褐色。半年后茸毛全部脱落，表皮呈深红色，木质部灰白色，髓部淡绿色。一年生以上植株枝条表面较粗糙，并有条形褐色斑块，髓部浅红色。水槟榔叶片为单叶互生，叶柄长1.5～2.0 cm，基部两侧各有一枚下弯的硬刺。叶片革质，长椭圆形，长8.0～20 cm，宽3.5～8.0 cm，先端钝或短尖，基部宽楔形或近圆形。嫩叶正反两面全被锈色短柔毛，成熟叶片脱落。叶片中脉粗壮，正面平坦，反面叶脉明显突起，侧脉对生，9～11对。花为聚伞花序，顶生或腋生，长约10 cm；花柄长约15 cm，花白色，萼片及花瓣4；雄蕊多数，比花瓣长，子房具长柄。果实由子房发育而成，果形椭圆，纵横茎为（10～27）cm×（11～28）cm，初熟时青色或褐色，后熟果紫色，表面有9～12条突起轮状或小圆锥突起（肉刺），略有刺手感觉，突起峰大小各异，平均单果重0.15 kg，最大单果重0.25 kg。果皮肉质，石细胞较多，皮厚0.8 cm左右；果肉淡白色，糯性；种子紧粘于果肉，每果有种子4～20粒或更多，形似鸡头（俗称屈头鸡），种子灰白色，种仁呈盘旋条状。

　　以上三部文献较全面地描述了马槟榔的形态特征，但对马槟榔各器官的结构特征、花程式、花图式、胎座类型等均未阐述，本书将对这部分内容进行详细描述。

1.3　文献对马槟榔野生生境的描述

　　经文献检索，对马槟榔野生生境的报道仅见代正福1998年发表的关于贵州望谟马槟榔野生生境研究的论文，该生境年平均气温 19～22℃，年积温 6936～8066℃，极端低温 -1.6～-1.3℃，年降水量 1200～1600 mm，土质为黄红壤、黄壤和酸性紫色土。其他文献描述的生境均很简单——马槟榔生于海拔林中，常攀于树上，属于热带和亚热带高大木质藤本植物等。本书将对马槟榔野生生境的地形、地貌、土壤、气候、伴生植物等进行全面阐述。

1.4　文献对马槟榔资源分布的描述

马槟榔属于我国热带、亚热带地区特有树种，其资源分布文献众说不一，其中《中国高等植物图鉴 第二册》记载马槟榔分布于我国广东、广西、云南、贵州等地；《中国高等植物图鉴 补编第一册》记载马槟榔分布于云南南部、广西西部及西北部、贵州南部；《中国植物志》记载马槟榔分布于广西（约在南丹 - 都安 - 南宁一线以西）、贵州南部、云南东南部。由此看来，目前文献对马槟榔在我国的具体分布范围描述并不明确。

另外，在马槟榔分布数量上，1998 年关于贵州亚热带地区野生经济植物资源的调查表明：贵州马槟榔植株分布数量很少，仅在黔西南的望谟、册亨和罗甸海拔 500～800 m 的亚热带地区有零星分布，共 300 株左右，年产鲜果不足 200 kg。云南仅在海拔 1500 m 以上的高山有少量分布。推测云南共有 600 株左右，广东 200 株左右。故我国富含甜蛋白的唯一野生果树——马槟榔资源十分稀少，处于濒危状态，建议将此植物列为国家一级濒危植物并加以保护。以上资料显示，我国马槟榔植株总数不足 2000 株，并且分布在较大的空间范围内（三或四省、自治区）。本书将全面阐述马槟榔在我国的资源分布和数量状况。

1.5　文献对马槟榔生长习性的描述

对马槟榔生长习性描述的文献也很少，代正福 1998 年发表论文称贵州的马槟榔生于海拔 500～800 m 的山坡脚下和深沟两侧的灌木丛中，属于中性或偏阴性植物，性喜湿润环境，常与其他植物混生。《中国植物志》称马槟榔生于海拔 1600 m 以下的沟谷或山坡密林中，常见于山坡道旁及石灰岩山上，花期 5～6 月，果期 11～12 月。由此看来，马槟榔生长于湿度较大、光照不强、土壤偏碱性的环境中，本书将对其营养生长特性、生殖生长特性、遗传特性等进行叙述。

第2章　马槟榔的形态学

在前人研究的基础上,我们系统研究了马槟榔的根、茎、叶、花、果、种子等的形态特征,这些研究结果将在本章中进行详细阐述。

2.1　马槟榔根的形态学

马槟榔的根为陆生根,类型为直根系,根系十分发达,主根明显,侧根丰富,须根众多,其发生、形态、结构、数量等具有相应特点。

2.1.1　根的发生

马槟榔根的发生有两种情况:①由种子胚的胚根发育而成的定根,定根形成直根系,主根明显、粗大、较长,侧根长短粗细明显次于主根;②来源于马槟榔的茎,当茎被土自然掩埋后,可从茎的芽点生出不定根,或当枝条受伤被土掩埋后,能从伤口处生出不定根。不定根仍为直根系,有主侧根之分,主根发达、较长,侧根次于主根。马槟榔第一轮侧根发生在胚根和下胚轴交界处,轮生,有5~10条(图2-1)。

2.1.2　根的形态

马槟榔根表皮的颜色随根龄的不同分为三种:1年生根的表皮颜色为白色;2年生根表皮颜色为淡黄色;3年以上生根的表皮颜色为橘红色,根表皮上有皮孔。当根被雨水冲出地面时,其根的颜色可转变为青色以增加光合作用。主根圆形、较其他根粗大,随土壤情况发生不规则弯曲,主根向下深入。侧根在主根不同部位均有分布,侧根发生位置属三原型,较主根细且短,多横向扩展。须根生于主根前端或侧根上,纵横交错,数量众多。须根上有一定数量的根瘤发生,根瘤横切有中空的腔,腔内有粒状物质,推测是真菌菌丝(图2-2)。

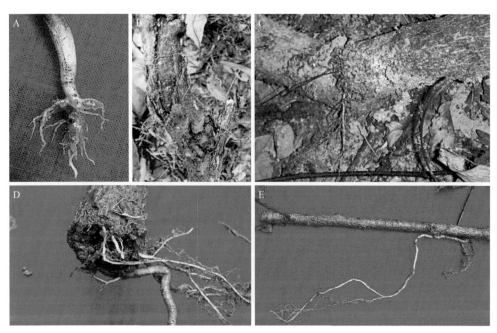

图 2-1　马槟榔生根方式组图

A. 种子胚根发育成的定根；B. 野生植株茎受伤发生的不定根；C. 野生植株压条生根；

D. 人工扦插苗竖插生根；E. 人工扦插苗平埋生根

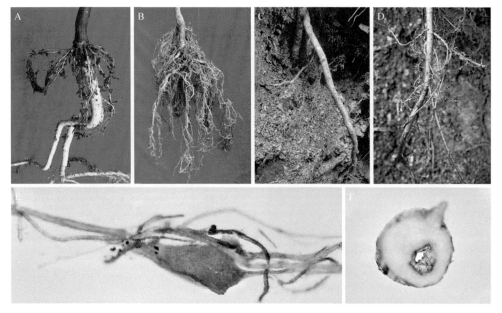

图 2-2　马槟榔根的形态组图

A. 一年生植株的根；B. 二年生植株的根；C. 三年生植株的根；D. 浮于表土的青根；

E. 须根上的根瘤；F. 根瘤横切（示内部粒状物）

2.1.3　根的数量

马槟榔根系发达，数量众多，不同树龄植株侧根的数量不同。4 个月幼苗侧根数量平均 23.8 条，1～2 年生植株侧根数量平均 27.8 条，3 年生植株侧根的数量增加最为明显，平均达到 71.6 条。马槟榔主根长度：4 个月幼苗平均为 4.9 cm，1 年生植株 35.0 cm，3 年生植株 112.6 cm。从主根长度和侧根数量可以看出，马槟榔的根第三年生长明显快于前两年（表 2-1）。

表 2-1　马槟榔不同生长时期主根长度及侧根数量统计表

编号	3 年生植株		1 年生植株		幼苗（4 个月）	
	主根长度 /cm	侧根数 / 条	主根长度 /cm	侧根数 / 条	主根长度 /cm	侧根数 / 条
植株 1	103	70	39	34	2.1	22
植株 2	124	68	35	8	4.5	29
植株 3	133	79	27	30	8.7	47
植株 4	98	66	38	38	4.2	8
植株 5	105	75	36	29	4.9	13
平均	112.6	71.6	35.0	27.8	4.9	23.8

2.1.4　根的结构

通过对马槟榔次生根的解剖，在解剖镜下观察发现其根的次生组织结构由周皮、次生韧皮部、形成层、射线、次生木质部、原生木质部等结构组成。做显微切片观察老根横切面，发现有根的表皮、厚壁组织、皮层薄壁组织、内皮层、导管、髓等结构（图 2-3）。

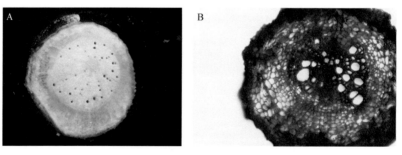

图 2-3　马槟榔根的结构横切面组图

A. 马槟榔次生根的横切面；B. 马槟榔次生根横切面显微结构

2.2　马槟榔茎的形态学

马槟榔的茎按质地分类为木质藤本茎，按茎的生长习性分类为攀缘茎，按生长时间分为多年生长茎。马槟榔的茎既是重要的营养器官，也是重要的无性繁殖器官。

2.2.1　茎的发生

马槟榔在种子萌发时，下胚轴将子叶和胚芽托出地面，子叶张开，胚芽生长，此时植株的地上茎开始形成。当茎上顶芽或腋芽不断生长时就不断形成新的茎段。马槟榔茎的分枝属于合轴分枝，主茎顶芽向上生长，花芽分化时期顶芽形成花芽并开花结果，繁衍后代。花枝结果后不再转为营养茎，茎此时不再向上生长。茎段上有叶和芽的部分，就形成马槟榔的枝条。

2.2.2　茎的形态

马槟榔种子萌发时上下胚轴发育形成茎，初生时茎紫红色，逐渐退隐为紫红色斑纹，后逐渐转为青色。新生枝条略扁平，四棱形，四面有凹槽，红色，密被锈色短茸毛，有短刺，长约 0.5 cm，外弯，皮孔不明显。一年后枝条逐渐变为圆柱体形，表面皮孔逐渐明显，皮孔长条形或椭圆形。马槟榔的木质茎可长达 50 m，一年生植株茎基部直径 4 mm，3 年生茎基部直径 2~3 cm，调查中发现最粗的茎基部周长达 86 cm，直径 26 cm。茎上生节，节不明显，节上有一叶两刺（托叶），节间距不定。叶脱落后留有叶痕，叶痕椭圆形或半月形，5 龄以前较清晰，之后逐渐消失（图 2-4）。

图 2-4　马槟榔茎的形态组图

A. 不同生长时期幼茎的颜色变化；B. 嫩枝形状及颜色；C. 二年生茎上密被皮孔；

D. 又粗又长的多年生长茎；E. 野外考察发现的最大茎基部

2.2.3　茎的芽

马槟榔的芽有顶芽和腋芽之分，都属于定芽，其根、茎、叶等营养器官一般不长不定芽。在营养生长阶段，其芽均是叶芽，花期阶段其叶芽转变为花芽，花芽分化开花结果后即不再生长，而是干枯脱落。无论在哪个时期，马槟榔的芽均没有芽鳞片，因此它的芽是裸芽。当茎生长到一定阶段时，其腋芽不会全部萌发，有些茎段的腋芽处于休眠状态，形成休眠芽，当条件成熟时，休眠芽可以打破休眠，开始萌芽，因此马槟榔茎上的活动芽和休眠芽会同时存在（图 2-5）。

图 2-5　马槟榔芽的形态组图

A. 顶芽纵切面（示叶原基）；B. 侧芽萌发；C. 侧芽生成新枝；D. 花芽发育成花序；

E. 老枝上的休眠芽；F. 扦插枝条

2.2.4　茎的结构

马槟榔茎分三层：表皮层、皮层和维管柱。表皮层厚 1～3 mm，皮层厚 3～5 mm，维管柱包括维管束、髓和髓射线三部分。从马槟榔胚轴横切片和幼茎横切片对比可以看出，其茎内导管十分丰富，这为茎的延伸和以后水分的输送奠定了结构基础。2 年生茎的髓腔明显，直径约 1 mm，胶状髓液溢出并可拉长10 cm，茎髓呈淡黄色；5 龄茎的髓腔逐渐被淀粉粒或晶体堵塞，髓腔不明显，但茎髓更加清晰，逐渐呈鲜艳的红五边形（图 2-6）。

2.3　马槟榔叶的形态学

叶是植物进行光合作用和蒸腾作用的重要器官。马槟榔的叶按生态类型分属于阳地植物叶。子叶可以生长保留 10 个月以上，叶的生活期一般在 8 个月以上，新、老叶重叠生长，因此马槟榔终年常绿，属常绿植物。

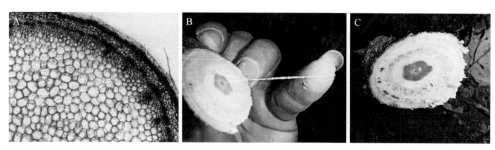

图 2-6　马槟榔茎的结构组图

A. 茎的横切示表皮层、皮层和微管柱；B. 2 年生茎的髓腔及髓液；C. 5 年生茎的橙红色髓

2.3.1　叶的发生

马槟榔的第一对叶是来自种子胚的子叶，子叶在胚轴的支撑下出土展开并且对生，形成马槟榔植株第一轮叶，离地面高度 8～12 cm。之后上胚轴延伸，胚芽生长，使叶原基伸长呈锥形，接着边缘生长形成叶的雏形，进而分化出叶片、叶柄和托叶。叶片自子叶对生之后为单叶互生，构成 1/2 互生叶序；托叶分化形成 1 对外弯钩刺，在节上位于叶的两旁平行排列（图 2-7）。

图 2-7　马槟榔叶的发生组图

A. 示种子胚子叶；B. 子叶伸出地面；C. 对生子叶上第二轮叶对生；

D. 示顶芽叶原基和腋芽原基；E. 子叶与新叶对比

2.3.2　叶的形态

马槟榔的叶具有叶片、叶柄和托叶，属完全叶。刚出土的子叶正面光滑绿色，背面叶脉网格清晰并有紫红色斑纹。成熟叶片倒卵形或椭圆状倒披针形，长7～20 cm，宽3.5～9 cm，先端钝尖，基部近圆形或宽楔形，全缘，无叶裂，叶表皮革质，上面近无毛，下面淡绿色，密被锈色短茸毛，后渐脱落；叶片脉序为羽状网状脉，侧脉6～10对，叶基部有1/2～3对对生，其余互生；叶柄长0.2～2 cm，正面有凹槽，表皮被锈色短毛，后渐脱落；叶柄基部有附属物——托叶，托叶演化成向外弯曲的钩刺，这主要与其攀缘茎的功能相关，钩刺状托叶可以使茎更好地向上生长和固定茎本身（图2-8）。

图 2-8　马槟榔叶的形态组图
A. 叶背面远观；B. 叶背面近观；C. 叶正面近观；D. 托叶演化成钩刺

2.3.3　叶的结构

马槟榔叶的结构包括表皮、叶肉和叶脉。其中表皮是整个叶片的包被，分为上表皮和下表皮。表皮中有表皮细胞、气孔器、排水器、表皮毛等结构。叶肉主要由栅栏组织和海绵组织组成。

2.4　马槟榔花的形态学

2.4.1　花的发生

马槟榔从幼苗到开花约需5年时间，经过5年的生长，马槟榔的木质藤可以从林下攀缘至高大的树上，树叶和花可以更好地接受阳光和吸引昆虫。马槟榔开花季节在每年的 4～6 月（不同地区略有差异），这个季节雨水充沛，阳光充足，昆虫繁多而且活跃，很适宜马槟榔开花授粉。

2.4.2　花序

马槟榔花序均出现在第 4 次以上分杈的枝条上；花序长不定，为 35～180 cm。花序由多个小花序组成，每个小花序上有 1～7 朵花，多为 4 朵，形成伞房小花序，多个伞房小花序组成圆锥总花序。总花柄长 1.5～6.5 cm，小花柄长 1.5～2.0 cm，密被咖啡色短茸毛（图 2-9）。

图 2-9　马槟榔花序及花柄茸毛
A. 马槟榔圆锥花序；B. 小花柄密被褐色茸毛

2.4.3　萼片、花瓣和雄蕊

马槟榔的花顶生或腋生；萼片 4 个，2 轮对称排列，内层 2 萼片较小，外层较大，长 1～2 cm，两面均被褐色短茸毛；花瓣 4 个，长倒卵形，长 1.3～1.7 cm，左右对称覆瓦状排列，两面均被茸毛，初为白色，凋谢时缓慢自基部转为粉红色；雄蕊多数，50 个左右，长 3.0～3.5 cm（图 2-10）。

图 2-10　马槟榔花的萼片及雄蕊组图
A. 花萼；B. 雄蕊

2.4.4 子房和胚珠

子房上位，花托在雌蕊群基部向上延伸成为雌蕊柄，又称为子房柄，长约4 cm，木质；未成熟子房绿色，纺锤形。侧膜胎座，4个心皮，1个心室。胚珠多数，多为肾形，沿心皮腹缝线成2～3纵行排列，珠被和珠柄晶莹透明（图2-11）。

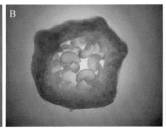

图 2-11　马槟榔子房及胚珠组图
A. 子房及子房柄；B. 子房横切示侧膜胎座；C. 胚珠及珠柄

2.4.5 花程式和花图式

根据马槟榔花的结构解剖，可将其花程式定为 $♀↑K_{2+2}C_4A_∞\underline{G}_{(4:1:∞)}$，即雌雄同花，两侧对称，花萼4，分离，2轮相对排列，花瓣4，雄蕊50枚以上，子房上位，边缘胎座，4个心皮，1个心室，胚珠多数。根据花朵结构将马槟榔花图式绘制如图2-12A所示。

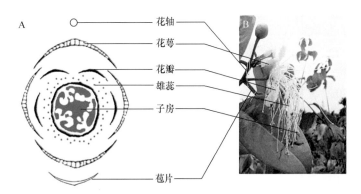

图 2-12　马槟榔花图式绘制模式图
A. 马槟榔的花图式；B. 马槟榔的花

2.4.6 花药和花粉的萌发

马槟榔花药绝大多数由4个花粉囊组成，分为左右两半，中间由药隔相连；花粉囊破裂方式为纵裂，花药在花丝上的着生方式为底着药（图2-13 A）；花粉粒为球形，大多表面光滑，有的表面有很小的突出（图 2-13 B）；花粉萌发时为三孔沟型（图 2-13 C）；花粉可以在培养液中萌发（图 2-13 D），也可以在空气中萌发，但在空气中萌发较慢。

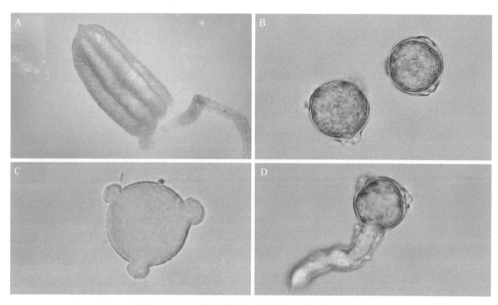

图 2-13　马槟榔花药、花粉粒及其萌发组图
A. 底着药；B. 花粉粒；C. 三孔沟型；D. 花粉粒萌发

2.4.7　花粉的传播与授粉

马槟榔花艳丽飘逸，有淡淡清香，能吸引昆虫。在调查中发现马槟榔花丛中有许多昆虫，如鳞翅目（蝶类）、鞘翅目（金龟甲类）、双翅目（蝇类）、膜翅目（蜂类）等，此外，其子房为极度上位子房，子房柄远长过花丝，由此推测马槟榔主要靠虫媒授粉（图 2-14）。

图 2-14　马槟榔花期时昆虫授粉组图
A. 昆虫在含苞欲放的花朵上；B. 昆虫在凋谢的花朵上

2.5 马槟榔果的形态学

2.5.1 果的发生

马槟榔的果由受精的上位子房发育而来。马槟榔的开花期在每年的 4~6 月（不同地区略有差异），这个季节很适宜马槟榔开花授粉。花粉粒通过虫媒黏附在花柱上，并通过萌发的花粉管将遗传物质送达子房内和卵细胞结合形成受精卵，成功受精的子房最后发育成为果实。果期 7~12 月，成熟期 11~12 月。

2.5.2 果实

马槟榔的果实为浆果，卵形或近球形，前端有 0.5~1.8 cm 的喙。调查中获得的最大果实重 0.352 kg，纵横径 11.2 cm×9.4 cm，含种子 40 粒（有 1 粒发育不全）；最小果实重 0.017 kg，纵横径 3.1 cm×2.8 cm，种子数 2 粒（图 2-15）。对调查获得的果实（编号广 001，采集地点见本书第 3 章表 3-2，下文其他采样编号同见此表）进行抽样统计分析，得知最大单果重 0.158 kg，最小单果重 0.017 kg，平均单果重 0.086 kg，平均含种子 8.47 粒，纵径 3.1~8.5 cm，横径 2.8~8.0 cm（表 2-2）。

图 2-15　马槟榔的最大果与最小果组图

A. 最小果与一般大果的比较；B. 最大果与一般大果的比较

表 2-2　马槟榔果实重量、种子重量及粒数统计表（广 001）

序号	鲜果重量 /g	鲜种子重 /g	种果比 /%	干种子重 /g	干鲜比 /%	种子粒数 / 粒
1	146.21	16.18	11.07	8.75	54.08	13
2	81.59	10.39	12.74	5.39	51.82	8
3	92.27	14.84	16.08	8.76	59.04	13
4	106.42	14.40	13.53	7.41	51.49	11

续表

序号	鲜果重量 /g	鲜种子重 /g	种果比 /%	干种子重 /g	干鲜比 /%	种子粒数 / 粒
5	158.31	15.10	9.54	7.10	47.01	10
6	77.97	8.31	10.66	4.27	51.41	6
7	73.59	7.06	9.59	4.07	57.60	5
8	64.14	6.55	10.22	4.16	63.44	5
9	77.40	10.71	13.84	5.41	50.52	8
10	64.61	6.80	10.53	4.20	61.76	6
11	70.56	8.33	11.81	5.32	61.87	8
12	95.76	14.82	15.48	9.42	63.56	14
13	84.17	10.68	12.68	5.13	48.01	7
14	16.70	2.66	15.65	2.13	79.92	3
15	35.78	6.33	17.68	4.00	63.24	5
16	54.95	6.24	11.35	5.34	85.55	7
17	155.90	20.23	12.98	9.87	48.78	15
平均	85.67	10.57	12.67	5.93	58.77	8.47

注：本表数据以广 001 样本为试验材料

2.5.3　果皮

马槟榔果皮由子房壁发育而来，厚约 0.59 cm，分三层。外果皮革质坚硬，厚约 0.72 mm，表面有 8～10 条纵向瘤状突起和一个喙，幼果时绿色，初熟时青色，后熟时紫色；中果皮沙质松软，石细胞丰富，厚约 0.52 cm；内果皮肉质，晶莹剔透，包裹在种子表面，形成假种皮；新鲜果皮与干制果皮均有甜香味（图 2-16、表 2-3）。

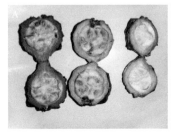

图 2-16　马槟榔的果实解剖

A. 不同成熟度果实剖面；B. 外果皮、中果皮；C. 晶莹剔透的内果皮包裹种子

表 2-3　马槟榔果皮相关参考数据统计表

序号	喙长 /cm	纵径长 /cm	横径宽 /cm	纵向突起数 / 条	外果皮厚 /mm	中果皮厚 /cm
1	0.80	5.26	4.45	8	0.44	0.65
2	1.10	7.24	6.37	8	0.84	0.56
3	0.80	6.28	4.49	8	0.98	0.55
4	1.60	6.31	5.23	8	0.64	0.84
5	0.70	5.45	3.87	8	1.40	0.26
6	0.50	5.34	5.06	9	0.90	0.67
7	1.40	6.94	5.38	9	0.60	0.50
8	1.20	5.88	5.04	9	0.68	0.26
9	1.80	6.63	4.63	8	0.72	0.64
10	1.10	6.47	4.75	8	0.54	0.65
11	1.50	6.50	4.94	8	0.50	0.44
12	1.60	7.33	5.27	9	0.84	0.44
13	1.10	6.11	5.26	8	0.50	0.58
14	0.90	5.21	4.75	8	0.78	0.36
15	0.90	6.50	4.86	8	0.98	0.42
16	1.10	5.80	5.73	9	0.70	0.42
17	1.00	5.93	5.36	8	0.50	0.52
18	1.10	6.20	5.15	8	0.70	0.44
19	1.50	6.81	4.98	8	0.74	0.49
20	1.00	6.25	5.38	9	0.66	0.47
21	1.30	6.61	4.45	6	0.58	0.35
22	1.10	6.93	4.65	8	0.76	0.37
23	1.20	6.95	4.91	8	0.40	0.70
24	1.20	6.13	5.10	8	0.52	0.68
25	1.80	7.45	5.65	8	0.88	0.29
26	0.90	5.17	5.07	8	0.72	0.68
27	1.20	6.32	6.18	8	0.62	0.31
28	0.80	5.45	4.98	10	0.84	0.53
29	1.50	6.83	5.14	8	0.50	0.61
30	1.65	11.20	9.08	8	1.25	0.85
平均	1.18	6.45	5.21	8	0.72	0.52

2.6　马槟榔种子形态学

2.6.1　种子

马槟榔种子形状多样，按平面图形来分，有圆形、半圆形、三角形等，按形状来分，有足形、肾形、纺锤形、鸡头形、蜗牛形等。种子黑褐色或灰褐色，种子边缘有凸出的种脐（图 2-17）。

对广 001 和广 003 种子进行测量，两地区马槟榔种子大小差异明显。广 001 种子的长、宽平均值分别为 1.65 cm、1.36 cm，广 003 种子长、宽平均值分别为 1.22 cm、1.08 cm（图 2-17、表 2-4）。

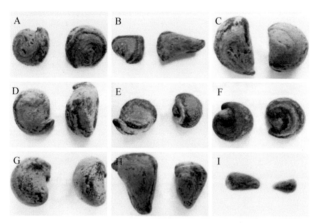

图 2-17　马槟榔的种子形态

A. 近圆形；B. 三角形；C. 半圆形；D. 纺锤形；E. 鸡头形；F. 蜗牛形；
G. 肾形；H. 足形；I. 大粒种和小粒种

表 2-4　马槟榔种子（广 001、广 003）长、宽统计表　　　　　单位：cm

序号	广 001		广 003	
	长	宽	长	宽
1	1.51	1.20	0.95	0.98
2	1.70	1.00	1.08	0.87
3	2.40	1.23	0.92	1.12
4	1.55	1.34	1.29	1.16
5	1.56	1.26	1.38	1.15
6	1.39	1.27	0.96	1.22
7	1.47	1.45	1.12	0.96

续表

序号	广 001		广 003	
	长	宽	长	宽
8	2.20	1.40	1.18	1.23
9	1.50	1.30	1.12	0.85
10	1.59	1.45	1.39	0.93
11	1.57	1.58	1.43	1.36
12	1.90	1.48	1.40	1.26
13	1.64	1.50	1.00	0.86
14	1.53	1.68	1.27	1.04
15	1.55	1.20	0.94	0.98
16	1.38	1.47	1.09	0.91
17	1.48	1.46	1.24	1.30
18	2.30	1.63	1.20	1.03
19	1.55	1.30	1.25	1.20
20	1.39	1.20	1.17	1.12
21	1.63	1.38	1.09	1.12
22	1.52	1.44	1.42	0.99
23	1.70	1.40	1.23	1.10
24	1.55	1.20	1.29	0.78
25	1.54	1.38	1.02	1.04
26	1.70	1.24	1.44	0.96
27	1.68	1.34	1.39	1.32
28	1.60	1.34	1.34	1.08
29	1.75	1.30	1.49	1.24
30	1.60	1.48	1.40	1.10
平均	1.65	1.36	1.22	1.08

注：本表数据是在广 001 和广 003 各 2.5 kg 种子中随机取出一把种子（平均 30 粒），并重复三次测量的结果

对广 001 和广 014 果实重量及种子粒数的统计发现，两采集地（见本书第 3 章表 3-2）马槟榔果实单果重、鲜种子重量和种子千粒重都有差异。广 001 平均单果重为 85.68 g，广 014 为 71.78 g；广 001 单果种子重为 10.57 g，广 014 为 8.46 g；广 001 单果平均种子数 8.47 粒，广 014 为 9.70 粒；广 001 鲜种子千粒重为 1247.45 g（干种子为 656.44 g），广 014 鲜种子千粒重为 872.05 g（干种子为 602.23 g）（表 2-5、表 2-6）。

表 2-5　广 001 果实及种子重量统计表

序号	鲜单果重 /g	鲜种重 /g	粒数 / 粒
1	146.210	16.179	13
2	81.589	10.391	8
3	92.270	14.840	13
4	106.419	14.400	11
5	158.309	15.098	10
6	77.971	8.310	6
7	73.578	7.058	5
8	64.140	6.554	5
9	77.400	10.713	8
10	64.605	6.804	6
11	70.560	8.332	8
12	95.757	14.824	14
13	84.170	10.675	7
14	16.995	2.660	3
15	35.783	6.328	5
16	54.952	6.236	7
17	155.900	20.231	15
总计	1456.608	179.633	144
平均	85.68	10.57	8.47
鲜种子千粒重 /g		1247.45	
干种子千粒重 /g		656.44	

表 2-6　广 014 果实及种子重量统计表

序号	鲜单果重 /g	鲜种重 /g	粒数 / 粒
1	84.908	8.330	9
2	77.791	9.720	12
3	78.155	10.402	10
4	77.366	12.814	11
5	61.710	8.573	9
6	83.076	8.100	7
7	77.557	8.475	9
8	57.773	6.328	6
9	81.097	10.035	12
10	79.409	9.207	9

序号	鲜单果重 /g	鲜种重 /g	粒数 / 粒
11	70.547	8.069	13
12	65.794	7.512	8
13	66.606	7.800	11
14	71.864	7.413	8
15	85.267	9.975	11
16	51.994	5.654	10
17	71.304	8.620	12
18	61.007	7.906	8
19	84.825	10.986	12
20	55.112	4.507	5
21	66.073	7.323	9
22	69.846	8.445	9
23	72.735	7.912	10
24	74.906	8.483	12
25	70.125	9.455	13
26	68.726	7.627	9
27	57.038	7.813	9
28	60.455	5.795	6
29	95.844	13.789	15
30	74.598	6.698	7
总计	2153.508	253.766	291
平均	71.78	8.46	9.70
鲜种子千粒重 /g		872.05	
干种子千粒重 /g		602.23	

2.6.2 种皮

马槟榔种皮分内外两层，接合紧密。胚乳趋向皱缩，呈膜状薄层，半透明，称胚乳遗迹；外层为石质层，木质化，坚硬而脆，同粒种子的外种皮厚度不均匀，约 0.4～1.1 mm，种脐处最厚（图 2-18）。

2.6.3 种仁

马槟榔种仁由胚和胚乳组成，胚乳随着种子的成熟逐渐被胚吸收消失，仅剩

图 2-18　马槟榔种子解剖结构组图
A. 种子外形；B. 种子横切面；C. 胚乳遗迹；
D. 种仁（胚根、胚轴、子叶）；E. 种皮（萌发时种皮出土脱落）

下胚乳痕迹在胚上。胚由胚根、胚轴、子叶、胚芽组成，卷曲呈螺旋形：胚根位于种脐，白色，平均长 4.1 mm，端部钝尖；胚轴平均长 7.44 cm，直径 1.5～3 mm，近圆形，浅黄色，围绕子叶两周；子叶两片，平均长 3.3 cm，交叉折叠盘旋于胚轴、胚根围成的椭圆内；胚芽长约 2 mm，位于种仁中心（表 2-7）。整粒种子如蜗牛状（图 2-19）。

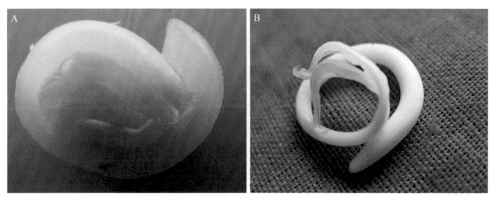

图 2-19　马槟榔种子的胚根、胚轴、子叶组图
A. 种仁；B. 种仁吸水萌发时胚轴、子叶形状

表 2-7 马槟榔胚根、胚轴、子叶长度和宽度统计表 单位：cm

序号	胚轴	胚根	子叶长	子叶宽
1	6.12	0.32	3.6	1.8
2	7.38	0.42	3.7	1.5
3	8.32	0.38	2.5	1.4
4	6.30	0.50	4.0	1.8
5	9.10	0.40	3.4	1.6
6	7.58	0.42	3.0	1.6
7	9.90	0.50	3.5	1.6
8	8.38	0.42	3.7	1.6
9	7.20	0.40	3.2	1.2
10	7.40	0.50	2.6	1.5
11	5.90	0.40	2.8	1.5
12	8.60	0.40	2.9	1.6
13	10.50	0.50	4.0	1.7
14	8.70	0.40	2.3	1.3
15	6.90	0.30	2.8	1.7
16	7.46	0.34	3.2	1.4
17	7.26	0.54	3.1	1.4
18	8.59	0.51	3.0	1.6
19	7.98	0.52	3.9	1.9
20	8.82	0.28	3.4	1.5
21	6.80	0.40	3.5	1.8
22	8.10	0.50	3.6	1.6
23	5.90	0.30	2.8	1.6
24	7.02	0.48	3.7	1.6
25	8.00	0.30	3.7	1.5
26	4.40	0.40	3.2	1.7
27	6.92	0.28	3.7	1.5
28	5.80	0.60	2.8	1.5
29	5.40	0.50	2.7	1.4
30	6.40	0.10	3.6	1.7
平均	7.44	0.41	3.3	1.57

2.6.4　种子萌发的动态观察

根据发芽试验得知，马槟榔种子属顽拗性种子，其存活时间短，种子自果皮中取出 43 d 后发芽率就急剧下降，72 d 后发芽率降为 0。活性种子在河沙、木糠、椰糠、黄土、砾质土壤中均能萌发，萌发时种皮裂缝先从种脐处开始，胚根伸出并长出须根，根部开始吸收水分和营养，胚轴伸展，将带种皮的子叶和胚芽托出土壤，种皮脱落，子叶张开，完成种子萌发全过程（图 2-20）。

图 2-20　马槟榔种子萌发过程

2.7　马槟榔形态学研究的相关讨论与结论

2.7.1　植物学形态

形态解剖显示，马槟榔的根、茎、叶、花、果、种子等都很有特点。本研究对马槟榔的各器官进行了形态学解剖研究，尤其研究了花、果及种子的形态结构，确定了马槟榔花的花程式、花图式、子房位置、胎座类型等，分清了果实、果皮、种皮的结构组成。

2.7.2　形态结构与马槟榔结实率

马槟榔主要靠虫媒授粉，在调查中发现，马槟榔花的结实率为 0.5‰～1‰。经解剖学研究证实，马槟榔的极度上位子房（子房柄长约 4 cm）不利于授粉，这可能是影响结实率的重要原因。另外，其花期长达 90 d，花朵盛开仅 7 d，这也是影响授粉的重要原因，从而降低了结实率。

第3章　马槟榔种质资源分布

目前文献中记载的我国马槟榔分布范围、数量、野生生境等资源状况均较为模糊。中国西南种子植物基础数据库已将马槟榔列为云南省二级保护植物。贵州省亚热带作物所代正福在对贵州亚热带经济植物资源进行调查后，于1998年撰文建议将马槟榔列入中国濒危植物进行保护，但这一建议并未引起人们的重视，2000年贵州省林业厅出版的《贵州野生珍贵植物资源》并未将马槟榔列入书中。2004年温远光等出版的《广西热带和亚热带山地的植物多样性及群落特征》记载仅十万大山有马槟榔分布。各文献记录的马槟榔分布情况不一致，由此可见，马槟榔在我国的具体分布状况尚不明晰。本书将在十余年的研究基础上系统阐述我国马槟榔种质资源分布现状。

3.1　马槟榔种质资源调查

3.1.1　调查方法

1）通过图书、网络等工具查阅文献，获取马槟榔分布状况的初步信息。

2）通过电话咨询，向林业部门、农业部门证实查阅资料的可信性和准确性，并对初步获得的信息进行筛选，确定调查的重点。

3）调查人员到信息所在地的林业部门、中草药店、中草药摊进行现场咨询，对各级信息进行实地考证。

4）到植物生境地进行实地考察。考察时记录植株数量、所在位置、生境状况（植被、土壤、气候等）、生长情况及周边群众对马槟榔的认识程度等。对调查内容进行翔实记录。

3.1.2　调查用具

1）标本夹、吸水纸。

2）记号笔、小标签、植物采集记录卡、记录本、登记表、采集袋、包装袋、保鲜袋。

3）小铁铲、枝剪、砍刀、锯子。

4）尺子、刀片、镊子、攀援绳索。

5）电池、照明工具、雨具。

6）放大镜、全球定位系统（GPS）、照相机、手提电脑、储存设备。

7）介绍信，海南、广东、广西、云南、贵州五省（自治区）地图册。

8）必备的药品，包括蛇药、解暑药、创可贴等。

3.1.3　调查过程

2006 年 5 月～2008 年 8 月，我们对中国 125 个县（市）进行了资源调查，拍得相片 2000 余张，采集标本及样品 111 份，全面了解马槟榔在我国的分布状况、气候特征和植被状况。调查过程共分 5 个部分。

3.1.3.1　海南调查

根据文献记载和琼海牧缘水槟榔农民合作社提供信息，海南的琼海、三亚、陵水一带有马槟榔分布。2006 年 5 月～2008 年 6 月，先后 13 次对海南的三亚、乐东、文昌、琼海等 17 个县（市）进行调查，并重点调查了吊罗山、尖峰岭、五指山、霸王岭 4 个国家自然保护区及黎母山、沙帽岭、白沙马王山等，采集马槟榔同属植物保亭槌果藤样品三份（吊罗山、三亚南新农场、白沙马王山各一份），并对在海南引种栽培马槟榔的生境进行了考察论证。从土壤质地和气候条件来看，白沙马王山、尖峰岭、五指山、黎母山生境与马槟榔野生生境相近，可作为马槟榔异地保护的试验区。

3.1.3.2　广西崇左、河池、百色三地区调查

2007 年 11 月～2007 年 12 月，对广西崇左、百色、河池三地区进行了详细的实地考察，采集样品 32 份，其中马槟榔植物标本 17 份，土壤样品 15 份。

3.1.3.3　云南、贵州、广东及广西部分区域的全面调查

2008 年 1～2 月，对云南、贵州、广东及广西 4 省（自治区）马槟榔可能分布的 108 个县（市）[因故实际调查了 82 个县（市），其余 26 个县（市）在后期补充调查]进行了实地考察，行程约 28 000 km，采集样品 31 份，其中土壤样品 11 份。

3.1.3.4　广西河池地区马槟榔野生居群调查

2008 年 5 月，对广西河池地区马槟榔野生居群进行了详细调查，研究了马槟榔在野生条件下的光合效率、土壤水分、昆虫授粉及病虫害情况，采集居群样品 37 份。

3.1.3.5　野生分布边缘区域调查和马槟榔四至范围定位

2008 年 7 月～2008 年 8 月，对马槟榔野生分布的边缘地区及 2008 年 1～2 月

未调查的 26 个县（市）进行了实地考察，确定了马槟榔在全国的四至分布范围、详细的经纬度和海拔等，采集植物标本 3 份，土壤样品 5 份。

3.1.4　调查地点

马槟榔野生资源调查历时 28 个月，行程 3 万余公里，调查了云南东南部、广西全自治区、贵州南部、广东西南部、海南全省等 5 省（自治区）125 个县（市），这 125 个区域覆盖了马槟榔分布区中心及其周边外沿至少 1 个县（市）的区域，向东沿至广西灌阳和广东封开，向南沿至海南三亚，向西沿至云南墨江、元江，向北沿至贵州平塘、独山和云南罗平，这些区域均是马槟榔分布区的边缘县（市）（表 3-1）。

表 3-1　我国马槟榔野生资源调查区域统计表

省（自治区）	地区	县（市、调查区）	有无马槟榔分布
海南	西部	澄迈、临高、儋州、白沙、昌江	无
	南部	东方、乐东、三亚、临水	无
	东部	琼海、万宁、文昌、定安、海口	无
	中部	五指山、琼中、屯昌	无
广东	茂名	高州、信宜	无
	云浮	罗定、郁南、封开	无
广西	北海	合浦、铁山港	无
	钦州	灵山、浦北	无
	防城港	东兴、上思、防城	2 地区有分布
	南宁	横县、宾阳、上林、马山、武鸣、隆安	无
	崇左	宁明、凭祥、龙州、大新、扶绥	无
	百色	靖西、德保、那坡、平果、田东、田阳、凌云、田林、乐业、隆林、西林	8 地区有分布
	河池	天峨、南丹、凤山、东兰、巴马、大化、都安、宜州、环江、罗城	5 地区有分布
	柳州	三江、融水、融安、柳城、鹿寨、柳江	1 地区有分布
	桂林	龙胜、资源、全州、灌阳、兴安、灵川、临桂、永福、阳朔、恭城、平乐、荔浦	无
	贺州	富川、钟山、昭平	无
	来宾	金秀、象州、武宣、忻城、合山	无
	梧州	蒙山、藤县、苍梧、岑溪	无
	贵港	平南、桂平、覃塘	无
	玉林	容县、兴业、北流、陆川、博白	无

续表

省（自治区）	地区	县（市、调查区）	有无马槟榔分布
贵州	都匀	从江、榕江、荔波、三都、独山、平塘、<u>罗甸</u>	1 地区有分布
	兴义	安龙、<u>册亨</u>、<u>望谟</u>	2 地区有分布
云南	文山	<u>广南</u>、丘北、富宁、<u>西畴</u>、<u>砚山</u>、<u>文山</u>、<u>马关</u>、<u>麻栗坡</u>	6 地区有分布
	曲靖	罗平	无
	红河	<u>金平</u>、<u>屏边</u>、河口、蒙自、个旧	2 地区有分布
	普洱	墨江	无
	玉溪	元江	无

注：下划线表示有分布的地区

3.2 马槟榔在我国的分布

3.2.1 地理分布

调查结果显示，马槟榔仅在我国的 27 个县（市）有分布，其地理分布为东经 103°05′（云南金平）～东经 109°00′（广西柳江），北纬 21°40′（广西东兴）～北纬 25°24′（贵州罗甸）；海拔为 60（广西东兴）～1566 m（云南砚山）。整个区域以北回归线为对称轴，形成了一个从东向西逐渐抬升的条形分布带，该带包含越南局部地区。同一居群马槟榔在海拔分布上可相差 60～150 m，如广 003 与广 004，广 005 与广 006（表 3-2）。

表 3-2　马槟榔在我国分布的经纬度及海拔调查统计表

采样编号	地点	东经	北纬	海拔 /m
广 001	靖西县新靖镇旧州街大湾沟	106°25′	23°10′	783
广 002	德保县龙光乡徊林村	106°35′	23°15′	673
广 003	那坡县那林场吞盘分场	105°48′	23°26′	793
广 004	那坡县那林场吞盘分场	105°48′	23°26′	941
广 005	隆林县德峨镇三冲村罗沙屯	105°11′	24°45′	1166
广 006	隆林县德峨镇三冲村罗沙屯	105°11′	24°46′	1106
广 007	西林县西平者怀村沟满山	105°14′	24°21′	779～785
广 008	田林县利周乡老山林场	106°20′	24°18′	572
广 009	凌云玉洪乡东南寨村	106°20′	24°18′	800
广 010	乐业县甘田镇板洪村竹山屯	106°31′	24°39′	977
广 011	乐业县甘田镇板洪村竹山屯	106°31′	24°39′	973

续表

采样编号	地点	东经	北纬	海拔/m
广 012	凤山县乔音乡全运村巴登屯	107°00′	24°40′	610
广 013	天峨县坡结乡玉里村翁朋屯	107°00′	25°09′	594
广 014	南丹县山口林场五七站种子源沟	107°26′	25°00′	627
广 015	巴马县那桃镇	107°09′	24°00′	340
广 016	柳江县土博镇土博村后屯沟	109°00′	24°18′	411
广 021	防城区华石镇那湾村板救组	108°11′	21°46′	87
广 022	宜州市德胜镇新惠村	108°20′	24°42′	237
广 033	东兴市马路镇平丰村	107°59′	21°40′	60
贵 001	望谟县大关镇	106°10′	25°15′	1347
贵 002	册亨县由麦镇	105°51′	24°56′	1104
贵 003	罗甸县逢亭乡拱里村纳绕二组	106°37′	25°24′	409
云 001	文山县喜古镇戈革村	104°15′	23°22′	1257
云 002	马关县都龙镇东瓜林村	104°31′	22°54′	1287
云 003	麻栗坡大坪镇台坡村	104°42′	23°08′	1057
云 004	砚山县盘龙彝族乡	104°19′	23°36′	1566
云 005	西畴县新马街乡老皮崖口村南	104°30′	23°10′	1186
云 006	广南旧莫镇土城村	105°03′	24°03′	1226
云 007	屏边县和平镇保姑村	103°43′	22°59′	879
云 008	金平县沙依坡乡阿哈迷村	103°05′	22°45′	1243

3.2.2 数量分布

调查发现，马槟榔数量十分稀少，各地区没有发现人工栽培植株，野生植株大部分生长在人迹罕至的大山深处。在调查的 125 个县（市）中仅发现有马槟榔植株分布的县（市）27 个，其中 16 个分布于广西，3 个分布于贵州，8 个分布于云南。海南和广东没有发现马槟榔分布。在各调查区所发现的植株数量都极为稀少，85% 的植株为单株生长，群落生长的区域仅发现 4 个，即广西的西平县、天峨县和云南的西畴县、马关县。在 27 个县（市）中，调查共发现马槟榔植株 145 株（表 3-3）。

表 3-3　27 县（市）马槟榔野生资源实查植株数量统计表

省（自治区）	地区及植株数量								总计
云南	文山 5	马关 2	麻栗坡 8	砚山 10	西畴 21	广南 2	屏边 3	金平 2	53
贵州	望谟 1	册亨 2	罗甸 2						5
广西	隆林 2	天峨 57	南丹 3	乐业 1	西林 5	田林 1	凌云 1	凤山 2	87
	巴马 1	靖西 4	德保 3	那坡 2	东兴 1	防城 2	宜州 1	柳江 1	

　　对马槟榔野生数量的准确统计，采用调查样方的方法显然不妥，因为马槟榔的生境特殊且分布数量极其稀少，某些区域大面积没有分布，所以用样方的方法估算误差很大。因此在调查中应仔细收集马槟榔相关信息，如林业部门统计数据、中草药店收购马槟榔的量和当地居民提供的相关数据等，综合各类信息以估算野生马槟榔植株的数量，相关信息如表 3-4 所示。再参照广西天峨县玉里乡野生居群实测数据来估算各县（市）马槟榔现存植株数量，估算结果显示我国野生马槟榔植株数量为 894～1141 株。

表 3-4　27 县（市）马槟榔野生数量分布估算统计表

省（自治区）	分布地点	林业部门统计数据	当地中药材收购站年收购鲜果量/kg	当地居民提供的信息数据	当地生态环境状况	数量预测/株
广西	靖西县	无记录	300～310	很少,零星分布	原始林被较少	80～90
	德保县	无记录	100～110	龙光、燕峒、那甲有分布	原始林被较少	28～30
	那坡县	无记录	190～200	零星分布	大面积种茶、种果树，原始林被较少	57～60
	隆林县	全县仅一个地方有	无	三冲屯有 50 株左右零星分布	原始林被极少，树生于房边	50
	西林县	无记录	无	250～280 kg 鲜果，周边有 15～20 株	原始林被较少	70～80
	田林县	无记录	无	很少有	除岑王老山保护区外，几无原始林被，大面积开垦种植杉木或松香树	1
	凌云县	无记录	无	只有一个地方有 2 株	原始林被少	2
	乐业县	20～30 株	无	少见	大面积开垦种植八角树	20～30
	凤山县	10～20 株	无	少见	大面积开垦种植八角树	10～20
	天峨县	无记录	无	仅玉里一个地方有分布	大面积开垦种植杉木	57
	南丹县	无记录	500～1000	种子源沟	原始林被少，种水果、杉木等	140～290

续表

省（自治区）	分布地点	林业部门统计数据	当地中药材收购站年收购鲜果量/kg	当地居民提供的信息数据	当地生态环境状况	数量预测/株
广西	巴马县	不到 10 株	无		大面积开垦种植油茶树	10
	柳江区	无记录	无	每年 11 月有人卖果，量不大	开垦种植果树	3
	防城区	有树，但不结果	无	有树，几年不结果了	原始林被极少，零星分布	8
	宜州市	无记录	每年 8~10 月有人卖	洛西镇有几株分布	大面积开垦种植杉木	3~10
	东兴市	以前有，现在仅有几株	无	很少，零星分布	原始林被极少，树单株生于崖边	1~10
贵州	望谟县	周边分布约 10 株	80~100	很少，几乎不见	原始林被稀少	20~30
	册亨县	无记录	40~60	很少	原始林被稀少	10~15
	罗甸县	无记录	无	离县城约 40 km 的逢亭乡有几株	开垦种植板栗	7
云南	文山县	较多，具体数量不详	230~250	以前多，现在只有深山沟里才有	有省级保护区，原始林被较多	70~80
	马关县	无记录	190~200	有毒的文山山柑较多	大面积开垦种植苹果	55~60
	麻栗坡县	无记录	100~110	有 2 个分布小区	原始林被较少	28~30
	砚山县	无记录	95~110	零星分布	大面积开垦种植山七	28~30
	西畴县	无记录	350~400	零星分布	大面积开垦种植阳荷	110~120
	广南县	无记录	70~85	零星分布	开垦种植茶叶	20~25
	屏边县	无记录	无	很少	有国家级自然保护区——大围山，植被丰富	3~10
	金平县	无记录	无	很少	大面积开垦种植橡胶、草果	3~10
合计						894~1141

注：1. 参考林业部门提供的数据；2. 鲜果收购量与植株数换算方法——鲜果重量 ÷3.5＝植株数，此根据来源于对天峨玉里野生居群调查统计分析得出的结论，该居群植株数为 57 株，2007 年和 2008 年产果量分别为 190 kg 和 205 kg，平均每株产果量 3.4~3.6 kg；3. 凡调查地区无新信息的，以实际调查植株数为准

3.2.3　我国马槟榔资源分布区的划分

调查发现，我国马槟榔分布区从东向西构成条形连续分布区。分布区以江河流域或以山脉为特征可划分为若干小区，如以河流为特征可将我国马槟榔分布区划分成 4 个小分布区，其各自涵盖地区如表 3-5 所示；以山脉为特征可分成 6 个小分布区，其各自涵盖地区如表 3-6 所示。

表 3-5　我国马槟榔分布以流域为特征的小分布区划分表

序号	小分布区名称	涵盖地区
1	云南盘龙江分布区	文山、马关、麻栗坡、砚山、西畴、广南、屏边、金平（河口已绝迹）
2	贵州、广西南盘江分布区	贵州望谟、册亨、罗甸；广西隆林
3	广西红水河分布区	天峨、南丹、乐业、凤山、巴马、宜州、柳江
4	广西右江分布区	西林、田林、凌云、那坡、德保、靖西、东兴、防城

表 3-6　我国马槟榔分布以山脉为特征的小分布区划分表

序号	小分布区名称	涵盖地区
1	云南老君山分布区	文山、马关、麻栗坡、砚山、西畴、屏边、金平（河口已绝迹）
2	广西金钟山分布区	隆林、西林
3	广西六诏山脉分布区	那坡、德保、靖西
4	广西十万大山分布区	东兴、防城
5	广西都阳山脉分布区	望谟、册亨、乐业、田林、凌云、凤山、巴马
6	广西凤凰山脉分布区	罗甸、天峨、南丹、宜州、柳江

根据上述分区情况及马槟榔生长状况和数量状况，初步推断马槟榔在我国分布区的中心（也可能是起源中心）有两个：①南盘江—红水河流域分布区中心，包括隆林、册亨、望谟、罗甸、乐业、天峨、南丹、凤山、巴马、宜州、柳江 11 县（市）；②盘龙江—右江流域分布区中心，包括广南、西畴、砚山、文山、麻栗坡、马关、金平、屏边、西林、田林、凌云、那坡、德保、靖西、防城、东兴 16 县（市）。

3.3　马槟榔种质资源相关讨论与结论

3.3.1　野生马槟榔数量减少的原因分析

调查得知，马槟榔野生资源数量极其稀少，在实地分布的 27 个县（市）中仅发现 145 株植株，估计全国总数量为 894～1141 株。分析马槟榔数量极其稀少的原因主要有以下三个。

（1）人为原因对马槟榔数量的影响

调查中发现，许多当地居民记忆曾有马槟榔分布的地区，已无法找到植株。原马槟榔生长地被烧山后种上了杉木、栗树或桐油树。现存马槟榔生长状况也不乐观，近年来人们逐渐认识到马槟榔的药用价值，药商出高价收购马槟榔种子，当地百姓砍树割藤获取果实，野生资源急剧减少。

（2）气候变化影响马槟榔的生长和数量

调查发现，广东（含海南）等曾记载有马槟榔分布的地区，现已无法找到植株，这些地区恰好是气候变化最为明显的地区，如干旱、台风、寒流等灾害频发，气候变化日渐复杂，气候规律性失衡，严重影响了马槟榔的正常生长和繁殖。

（3）马槟榔在自然条件下繁殖率极低

在调查中发现，野生马槟榔通过种子自然繁殖的概率很小，全部调查中仅发现 1 株由种子自然繁殖而成的幼苗。分析原因可能有三个：①马槟榔种子自身的甜味招来了"杀身之祸"，许多动物和鸟类都喜欢取食它的种子，因此还未等到种子落地或落地后还未发芽就被取食，在广西调查时我们曾多次发现马槟榔果实成熟季节有猎人在树下设机关套猎物，这个季节树周边的鸟类也特别多，大型鸟类如野鸡、松鸡等均能以马槟榔种子为食；②马槟榔种子属于顽拗性种子，如同大戟科的橡胶树种子，种子离开母株后存活时间短，一旦没有发芽的条件将很快失去活性、不再发芽；③马槟榔种子包裹一层厚而硬的壳（果皮），不利于裂开让种子弹出入土萌发。

因此我们认为，加强对野生马槟榔种质资源的保护利用迫在眉睫，刻不容缓。

3.3.2　马槟榔分布区的中心

根据遗传多样性分析、形态差异性分析和马槟榔植株分布情况，将马槟榔在我国分布区的中心确立为两个：盘龙江—右江流域中心和南盘江—红水河流域中心。前一中心地处云南东南部，平均海拔 1212 m，自然资源极其丰富，老君山（省级自然保护区）有十余万亩[①]亚热带常绿阔叶林，有"植物宝库"之称；后者位于云南、贵州与广西三省（自治区）交界区域，沿南盘江与红水河交汇流域，这些地区山高林密，生态环境好，人口稀少，调查中发现植株分布的数量和密度较大。

3.3.3　马槟榔在越南有分布的预测

从区域分布情况来看，马槟榔分布范围为东经 103°05′～东经 109°00′，北纬

---

① 　1 亩 ≈ 666.7 m²

21°40′～北纬 25°24′。越南东北部有部分区域处于这一范围之内，而且当地气候与马槟榔生长区域气候相似。另外云南的盘龙江为越南境内明江的上游，越南境内的另一河流——锦江也发源于云南的砚山、西畴，这些区域正好是马槟榔分布区的中心。因此我们推测越南也有马槟榔植株存在，具体情况要进行实地调查后才能定论。

3.3.4　马槟榔作为保护植物的定级

中国植物红皮书参考 IUCN 红皮书等级制定了我国的植物保护等级，采用濒危、稀有和渐危 3 个等级。①濒危：物种在其分布的全部或显著范围内有随时灭绝的危险，这类植物通常生长稀疏、个体数和种群数低、分布高度狭域，由于栖息地破坏、丧失或过度开采等原因，其生存濒危；②稀有：物种虽无灭绝的直接危险，但其分布范围很窄或很分散，或属于不常见的单种属或寡种属；③渐危：物种的生存受到人类活动和自然原因的威胁，这类物种由于毁林、栖息地退化及过度开采的原因在不久的将来有可能被归入濒危等级。

从文献资料和实际调查得知，马槟榔分布区域正在向中心萎缩，海南、广东已无分布，广西南部防城地区的马槟榔植株生长状况不良，而且均是单株存在，没有居群，近几年已经不开花结果；东部柳江区的植株开花结果量极其稀少；北部的望谟县植株也在减少，和天峨县相比，其开花数量较少，且果实较小，罗甸县的植株已很少见；西部河口县的马槟榔已经绝迹。由此看来马槟榔的野生范围正大幅度萎缩，其估算数量在整个分布区不超过 1200 株，平均分布密度为 0.015 株 /km^2［27 县（市）总面积为 80 080.5 km^2］。因此从濒危植物的定义和标准（IUCN 标准：少于 2500 株）来看，马槟榔应该归入濒危植物名录进行保护。

第 **4** 章　马槟榔野生生境研究

马槟榔野生生境主要由地形、地貌、土壤、气候、光照、温湿度、伴生植物、海拔等因素构成。我国马槟榔生长在大山深处、陡峭崖壁和常有溪水的地方；生境内植被丰富，有 70 余种植物与马槟榔共同生长；土壤质地为砾质壤土，酸性，土壤中多风化石，多为黑壤，少数为红壤或黄壤；海拔最高为 1566 m，最低为 60 m；马槟榔对光照的要求根据其生长阶段而异，苗期喜荫凉潮湿环境，花期攀至高大乔木争夺阳光；生长温度范围为 $-10 \sim 42.2℃$，最适温度为 $15 \sim 25℃$；花期对水分要求高；在相对避风的条件下生长更好。

4.1　马槟榔野生生境的地形地貌

调查发现，马槟榔分布区域位于云贵高原边缘，这一区域受广西运动、印支运动、燕山运动等多次地壳运动的影响，形成了众多强烈隆起区，再加上水流切割作用，构成了如今的山原地貌。这一地貌有许多大山或山脉，如广西境内的金钟山、六诏山脉、都阳山脉、凤凰山脉、十万大山，云南的老君山等。这些地方地势起伏较大，地形变化复杂，小气候因素（包括昼夜温差、阳光强弱、风向雨露、清泉溪流等）多样，为马槟榔生长繁衍提供了优越的条件（图 4-1）。

4.2　马槟榔赖以生存的土壤研究

土壤试样共计 27 份，其中山柑属植物野生生境土壤 2 份，马槟榔人工异地栽培土壤 3 份，马槟榔野生生境土壤 22 份——分别采自广西（19 份）、云南（2 份）和贵州（1 份）。

4.2.1　土壤的机械组成

调查发现，马槟榔生长的土壤质地均为砾质壤土，这种土壤是在肥沃的壤土中夹杂着大小不一的风化石，土壤有良好的团粒结构，通气性、持水性较好，有

图 4-1　我国马槟榔野生生境地形地貌组图
A. 连绵起伏的大山；B. 大山山谷；C. 溪流

利于好气性微生物将有机养分分解，转化成能被植物吸收利用的无机养分，为植物的生命活动提供良好的生长条件（图 4-2）。

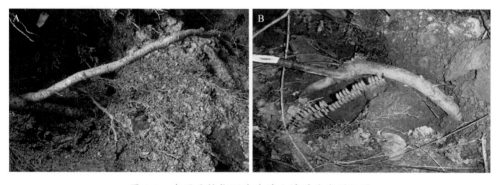

图 4-2　我国马槟榔野生生境土壤质地类型组图
A. 黑色砾质壤土；B. 黄色砾质壤土

4.2.2　土壤的物理性质

　　土壤空气是构成土壤肥力的重要部分，马槟榔野生生境土壤的机械组成决定了其物理性质中土壤空气的含量。砾质壤土结构提高了土壤内 O_2 和 CO_2 的含量，促使土壤内的好气分解与嫌气分解同时并存，既有利于腐殖质的形成，又使植物有充足的有效成分可以利用。同时这种结构对土壤的水分和温度也能起到较好的调节作用。风化石间大量的富含有机质的壤土，有较好的固水保水能力，当旱季来临时，可以很好地为马槟榔提供水分，帮助其度过干旱季节。当雨水季节来临时，其风化石结构又可将多余的水分排出，使土壤不涝。在炎热的夏季，土壤中保持足够的水分，还可以起到降低土壤温度的作用。在寒冷的冬季，土壤中的含气空间可以起到保温的作用，以帮助马槟榔抵御严寒。因此，土壤的物理性质（表 4-1）决定了马槟榔生长的区域性。

表 4-1　我国马槟榔野生生境土壤类型、结构及 pH 统计表

编号	采样地点	土壤质地类型、颜色	pH
广 001	靖西县新靖镇旧州街东利村	砾质壤土、黄色	4.83
广 002	德保县龙光乡徊林村	砾质壤土、红色	4.85
广 003、广 004	那坡县那马林场吞盘分场	砾质壤土、黑色	5.09
广 005	隆林县德峨镇三冲村罗沙屯	砾质壤土、黑色	4.55
广 006	隆林县德峨镇三冲村罗沙屯	砾质壤土、黑色	4.59
广 007	西林县西平者怀村沟满山	砾质壤土、黑色	6.10
广 008	田林县利周乡老山林场	砾质壤土、黄色	4.57
广 009	凌云县玉洪乡东南寨村	砾质壤土、黑色	6.46
广 010	乐业县甘田镇板洪村竹山屯	砾质壤土、黄色	5.40
广 011	乐业县甘田镇板洪村竹山屯	砾质壤土、黄色	5.22
广 012	凤山县乔音乡全运村巴登屯	砾质壤土、黄色	4.40
广 013	天峨县坡结乡玉里村翁朋屯	砾质壤土、黑色	4.78
广 014	南丹县山口林场五七站种子源沟	砾质壤土、黑色	5.36
广 015	巴马县那桃镇	砾质壤土、黑色	4.71
广 016	柳州市柳江县土博镇土博村	砾质壤土、黑色	4.47
广 021	防城区华石镇那湾村板救组	砾质壤土、黑色	5.04
广 022	宜州市德胜镇新惠村	砾质壤土、黑色	5.18
广 033	东兴市马路镇平丰村	砾质壤土、黄色	5.11
贵 001	罗甸县逢亭乡拱里村纳绕二组	砾质壤土、黑色	4.80
云 001	红河州金平县沙依坡乡大寨村	砾质壤土、黑色	4.82
云 002	西畴县新马街乡老皮崖口林场	砾质壤土、黑色	4.14
云 003	马关县都尤镇东瓜林村委会	砾质壤土、黑色	4.87

4.2.3　土壤的酸碱度

22 份马槟榔野生生境土壤的 pH 测试结果显示，马槟榔属于典型的酸性土

植物。对各地区土壤进行 pH 变化曲线分析，结果显示其曲线起伏不大，即各区域之间 pH 相差不大，生境土壤 pH 最低为 4.14（云南西畴），最高为 6.46（广西凌云），根据生长土壤的 pH 可以将植物分为强酸性植物（pH<4.10）、中性植物（6.50<pH<7.50）、酸性植物（4.10<pH<6.50）及碱性植物（pH>7.50），马槟榔野生生境土壤 pH 正好在酸性植物范围内，因此可将马槟榔定为酸性土植物（表 4-1、图 4-3）。

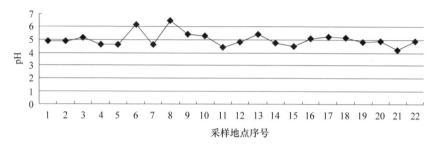

图 4-3　马槟榔野生生境土壤 pH 变化曲线

4.2.4　土壤的营养元素

植物生长需要 16 种不可缺少的营养元素，其中 C、H、O 是组成植物体的主要成分，通常不作为养分看待，其余 13 种元素划分为两类：N、P、K、S、Ca 和 Mg 的需要量较多，称为大量元素（Ca 和 Mg 又称为中量元素）；Cu、Zn、Mn、Mo、Fe、B 和 Cl 的需要量很少，称为微量元素。在植物所需的这些元素中，除了 C 来自空气中的 CO_2，O 和 H 来自水外，其他元素都来自土壤。对马槟榔野生生境土壤中的大、中量元素和微量元素进行测定，其结果如下。

4.2.4.1　大、中量元素

马槟榔野生生境土壤中的大、中量元素有碱解 N、速效 P、速效 K、交换 Ca、交换 Mg 等。测试结果如表 4-2 所示，马槟榔野生生境土壤中 N、K 的含量很高，Ca、Mg、P 含量较低，尤其 P 的含量普遍较低，多为痕量，即所用方法无法测试出土壤中 P 的含量。从野生马槟榔长势观察，广 007、广 013 植株长势旺盛，其土壤中 N、P、K、Ca、Mg 的含量相对其他区域都高，N 和 K 尤其高出 2~3 倍，甚至数倍，这说明马槟榔对营养元素中大、中量元素的需要量是巨大的。从图 4-4、图 4-5 分析得知，各区域土壤的大量元素中，N、P、K 三种元素含量变化都不大，仅速效 K 有一个值达到 607.46 mg/kg，属于个别现象。三种元素之间比较，N、K 含量相当，都比 P 的含量高。各区域土壤中的中量元素，交换 Ca 的含量比交换 Mg 的含量要高，而且前者在各区域间变化较大，后者变化较小。

表 4-2 马槟榔野生生境土壤大、中量元素测定统计表

序号	编号	碱解 N/ （mg/kg）	速效 P/ （mg/kg）	速效 K/ （mg/kg）	交换 Ca/ （g/kg）	交换 Mg/ （g/kg）
1	广 001	153.35	5.36	115.12	0.23	0.06
2	广 002	196.60	痕量	58.26	0.22	0.05
3	广 003、广 004	179.42	痕量	344.77	1.45	0.19
4	广 005	126.51	痕量	240.84	0.17	0.05
5	广 006	167.59	痕量	278.07	0.22	0.04
6	广 007	219.17	36.12	157.66	3.60	0.50
7	广 008	177.54	痕量	161.13	0.09	0.04
8	广 009	172.49	2.98	139.40	5.25	0.15
9	广 010	234.55	19.41	141.01	2.81	0.36
10	广 011	203.68	1.55	607.46	1.02	0.19
11	广 012	132.08	0.25	151.67	0.33	0.04
12	广 013	370.70	5.34	324.18	1.57	0.35
13	广 014	195.10	痕量	146.88	0.18	0.33
14	广 015	247.47	7.63	92.60	0.03	0.05
15	广 016	131.70	7.47	58.80	0.38	0.02
16	广 019	108.60	16.10	41.09	0.00	0.00
17	广 020	142.80	痕量	135.76	0.03	0.03
18	广 021	133.37	痕量	50.31	0.07	0.01
19	广 022	145.00	6.17	129.03	0.26	0.04
20	云 001	142.27	55.90	264.75	1.21	0.19
21	云 002	329.28	16.24	121.94	5.05	1.02
22	云 003	266.00	痕量	161.62	0.31	0.04
23	贵 001	109.89	痕量	51.54	2.00	0.13

注：采集地点请对照编号参见表 4-1

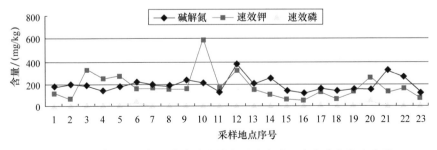

图 4-4 我国马槟榔野生生境土壤各区域大量元素含量变化曲线图

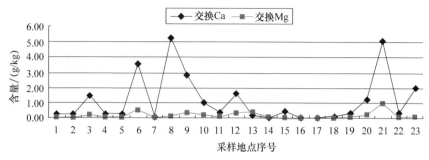

图 4-5　我国马槟榔野生生境土壤各区域中量元素含量变化曲线图

4.2.4.2　微量元素

微量元素主要影响植物体内的许多代谢过程，是植物体内许多酶的成分，与植物体内许多重要物质的合成有密切联系。Fe、Mn 是叶绿素形成的重要元素，Mn 还能促进植物叶片的呼吸作用和光合作用，促进种子发芽、幼苗生长和花粉管萌发等，Zn 和 Cu 能加强植物的呼吸作用。Zn、Cu 和 Mn 还能提高植物的抗寒性、抗旱性和抗热性。因此土壤中的微量元素是马槟榔健康生长必不可少的重要营养成分。马槟榔野生生境土壤微量元素含量测定如表 4-3 所示，大、中量元素含量较高、植物生长较好的广 007、广 013 生境土壤中微量元素含量也相对较高，尤其是 Mn 的含量，因此马槟榔生长对 Mn 元素的需求可能较高。其各区域含量变化曲线如图 4-6 所示。在马槟榔野生生境土壤中，微量元素 Mn 的含量普遍很高，各区域之间的差别也较明显。而 Fe 的含量比 Zn 和 Cu 的含量相对较高，且各区域间含量相差不大。Zn 和 Cu 的含量较低，各区域之间变化不明显。

表 4-3　我国马槟榔野生生境土壤微量元素测定统计表　　　　　　单位：mg/kg

序号	编号	Fe	Mn	Cu	Zn
1	广 001	25.50	123.05	0.84	3.53
2	广 002	15.01	96.82	2.36	0.00
3	广 003、广 004	痕量	179.91	2.38	6.33
4	广 005	14.89	133.26	5.21	3.25
5	广 006	2.07	173.73	4.94	3.15
6	广 007	痕量	181.03	0.46	9.50
7	广 008	2.15	99.12	5.30	3.98
8	广 009	痕量	154.54	0.03	4.00
9	广 010	39.65	168.76	2.93	10.47
10	广 011	21.76	42.06	1.60	5.60

续表

序号	编号	Fe	Mn	Cu	Zn
11	广012	33.25	37.47	1.90	10.08
12	广013	2.20	172.85	2.39	0.55
13	广014	6.00	75.80	2.06	7.23
14	广015	1.01	54.95	6.03	4.94
15	广016	34.88	69.14	2.66	8.47
16	广019	110.20	0.00	2.38	7.95
17	广020	43.13	8.52	3.46	6.99
18	广021	105.26	0.40	2.91	2.53
19	广022	63.02	62.32	2.80	5.16
20	云001	痕量	65.30	1.67	7.68
21	云002	2.20	27.64	0.31	6.92
22	云003	痕量	131.52	0.32	7.24
23	贵001	痕量	93.71	3.05	9.77

注：采集地点请对照编号参见表4-1

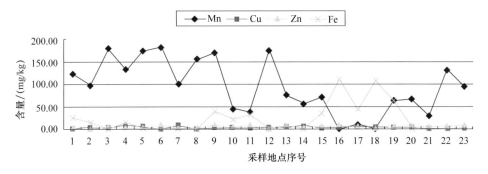

图4-6　我国马槟榔野生生境土壤各区域微量元素含量变化曲线图

4.2.5　土壤有机质

有机质是土壤的重要组成物质，影响土壤的物理、化学和生物学特性，如给植物提供养分、促进土壤养分有效化、提高土壤缓冲性和保肥性、改善土壤结构等。马槟榔野生生境土壤有机质含量测定如图4-7所示，区域之间有机质含量普遍相差不大，但也有极个别的可达65.31 g/kg，约是最低有机质含量土壤的4倍。

4.2.6　花期土壤湿度

对天峨县野生马槟榔花期土壤湿度的测试表明，20 cm深处土壤相对含水量

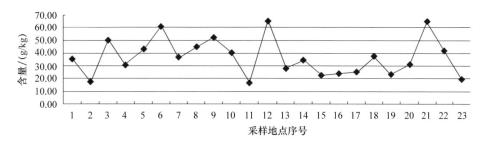

图 4-7　我国马槟榔野生生境各区域土壤有机质含量变化曲线图

为 79.5%～84.8%，土壤湿度较大，此时正值该县的雨季，说明马槟榔花期对水分要求较高。

总之，马槟榔野生生境的 pH 范围为 4.14～6.46，属典型的酸性土植物。其土壤类型为砾质壤土，该类型土壤特点是土壤中夹杂许多风化石，土壤结构疏松，有机质含量高，营养元素丰富，大量元素中 N 的含量普遍较高，微量元素中 Mn 的含量普遍较高；其透水性、保温性较好。因此在海南实施迁地保护，首要考虑寻找适宜马槟榔生长的土壤类型。调查发现海南的白沙马王山、黎母山、五指山土壤类型较合适。

4.3　马槟榔生境气候特征

我国马槟榔分布区域均处于南亚热带区和北热带区，其中南盘江—红水河分布区中心的 11 个县（市）全部位于南亚热带区，盘龙江—右江分布中心的大多县（市）（12 个，其中广南、西林、田林和凌云位于南亚热带区）位于北热带区。

对我国 27 个马槟榔野生资源分布县（市）生境气候特征进行调查统计（表 4-4），马槟榔分布区全部属于热带、亚热带季风性气候，年均降雨量 1056～3465 mm，年均温度 16～23℃，极高温度为 42.2℃，极低温度为 −10℃，可以看出马槟榔对水分的要求较高，对温度的要求范围不狭窄。

表 4-4　我国马槟榔野生生境气候特征调查统计表

省（自治区）	地区	年均气温/℃	极高气温/℃	极低气温/℃	年均降雨量/mm	气候类型
	文山	18～23	28.5	6.5	1224	亚热带季风气候
	马关	16.9	30.9	2.7	1345	低纬亚热带山地季风气候
云南	麻栗坡	17.6	29.0	−0.5	1470	亚热带季风气候
	砚山	16.0	33.2	−7.8	1100	亚热带大陆性季风气候
	西畴	15.9	32.8	−6.7	1294	亚热带低纬山地季风气候

省（自治区）	地区	年均气温 /℃	极高气温 /℃	极低气温 /℃	年均降雨量 /mm	气候类型
云南	广南	16.6	36.7	−5.5	1056	亚热带高原季风气候
	屏边	16.4	31.2	1.0	1655	低纬亚热带湿润山地季风气候
	金平	18.0	38.0	0.7	2330	热带季风气候带
贵州	望谟	19.0	41.8	−4.8	1250	亚热带温湿季风气候
	册亨	19.2	40.0	−8.9	1336.9	南亚热带季风气候
	罗甸	20.0	40.5	−3.5	1335	亚热带季风湿润气候
广西	隆林	19.1	42.2	−7.3	1144.6	中亚热带季风气候
	天峨	20.0	41.4	−2.9	1370	南亚热带季风气候
	南丹	16.9	37.8	−1.4	1375	中亚热带气候
	乐业	16.3	34.0	−5.3	1100～1500	亚热带湿润气候
	西林	19.1	39.1	−4.3	1100	亚热带大陆性季风气候
	田林	16～21	42.2	−7.3	1204	亚热带季风气候
	凌云	20.5	38.4	−2.4	1700	南亚热带季风气候
	凤山	19.5	37.8	−3.3	1149	南亚热带季风气候
	巴马	20.4	37.0	2.2	1500～1800	亚热带季风气候
	靖西	19.1	34.0	−10.0	1600	亚热带季风性气候
	德保	18～21	37.0	−2.6	1462	热带、亚热带季风气候
	那坡	18.0	35.8	−4.4	1421.8	亚热带季风气候
	东兴	21～23	37.9	4.1	2200～2800	南亚热带季风气候
	防城	22.0	35.4	2.8	3465	南亚热带季风气候
	宜州	20.0	38.0	1.2	1300～1325	南亚热带季风性湿润气候
	柳江	20.4	39.0	−1.6	1400～1800	亚热带季风气候

　　马槟榔野生生境气候类型属于热带亚热带季风气候，以北回归线为平行线和对称轴，以广西东兴为下沿线，以贵州罗甸为上沿线，东起广西柳江、西至云南金屏形成一个东低西高的条带区域，这一区域地势多变，小气候环境多样，雨量充沛（年均降雨量1056～3465 mm）、气温适宜（年均温度16～23℃），阳光充足（属北热带区和南亚热带区），植被丰富（有70余种植物共生），为马槟榔的生长提供了充分的条件。

4.4 马槟榔生境地植被状况与伴生植物

4.4.1 马槟榔植被状况

马槟榔野生生境中的植物种类繁多，经调查发现约有 52 科 69 属 75 种植物，其中蕨类植物有 10 科 10 属 11 种；裸子植物有 2 科 2 属 2 种；被子植物有 40 科 57 属 62 种（表 4-5）。这些植物中有高大的乔木，有中等高度的灌木，还有地表的草本植物及蕨类植物等，构成了良好的上、中、下植物生态空间，为马槟榔的生长、攀缘提供了条件。但有许多地区如防城、东兴、田林、凌云、巴马、罗甸、金平、屏边等，因人类活动的影响，植物种类较少，植被结构单一，马槟榔作为其中的一员，仅生存于极其边险的地方，而且单株存在、长势不良。由此看来，人类活动对马槟榔生长环境的破坏将直接影响马槟榔的生长和数量，要保护好这一特有植物，就必须保护其生长环境（图 4-8）。

图 4-8 我国马槟榔野生生境植被状况组图
A. 多种植物与马槟榔共生一境；B. 马槟榔生长需要攀缘植物；C. 马槟榔生境中的禾本科植物；
D. 马槟榔与人工林争夺生存空间；E. 大面积人工林吞噬了马槟榔的生境

表 4-5 我国马槟榔野生生境植物种类统计表

大类	序号	中文名	拉丁名	科	属
蕨类植物：10 科 10 属 11 种	1	海金沙	*Lygodium japonicum*（Thunb.）Sw.	海金沙科 Lygodiaceae	海金沙属
	2	巢蕨	*Neottopteris nidus*（L.）J. Sm.	铁角蕨科 Aspleniaceae	巢蕨属

续表

大类	序号	中文名	拉丁名	科	属
蕨类植物：10科10属11种	3	肾蕨	*Nephrolepis auriculata*（L.）Trimen	肾蕨科 Nephrolepidaceae	肾蕨属
	4	乌毛蕨	*Blechnum orientale* L.	乌毛蕨科 Blechnaceae	乌毛蕨属
	5	凤尾蕨	*Pteris cretica* var. *nervosa*	凤尾蕨科 Pteridaceae	凤尾蕨属
	6	新月蕨	*Pronephrium gymnopteridifrons*（Hay.）Holtt.	金星蕨科 Thelypteridaceae	新月蕨属
	7	半边旗	*Pteris semipinnata* L.	凤尾蕨科 Pteridaceae	凤尾蕨属
	8	金毛狗	*Cibotium barometz*（L.）J. Sm.	蚌壳蕨科 Dicksoniaceae	金毛狗属
	9	芒萁	*Dicranopteris dichotoma*（Thunb.）Bernh.	里白科 Gleicheniaceae	芒萁属
	10	卷柏	*Selaginella tamariscina*（P. Beauv.）Spring.	卷柏科 Selaginellaceae	卷柏属
	11	槲蕨	*Drynaria roosii* Nakaike.	槲蕨科 Drynariaceae	槲蕨属
裸子植物：2科2属2种	1	杉木	*Cunninghamia lanceolata*（Lamb.）Hook.	杉科 Taxodiaceae	杉木属
	2	竹柏	*Podocarpus nagi*（Thunb.）Zoll. et Mor. ex Zoll.	罗汉松科 Podocarpaceae	罗汉松属
被子植物：40科57属62种	1	无花果	*Ficus carica* L.	桑科 Moraceae	榕属
	2	构树	*Broussonetia papyifera*（L.）L'Hert. ex Vent.		构属
	3	斑鸠菊	*Vernonia esculenta* Hemsl.	菊科 Compositae	斑鸠菊属
	4	革命菜（野茼蒿）	*Gynura crepidioides* Benth.		野茼蒿属
	5	艾	*Artemisia argyi* Lévl. et Van.		蒿属
	6	紫茎泽兰	*Eupatorium adenophorum* Spreng.		泽兰属
	7	蓑草（拟金茅）	*Eulaliopsis binata*（Retz.）C.E.Hubb.	禾本科 Gramineae	拟金茅属
	8	莠竹	*Microstegium nodosum*（Kom.）Tzvel.		莠竹属
	9	金竹	*Phyllostachys sulphurea*（Carr.）A. et C. Riv		刚竹属

续表

大类	序号	中文名	拉丁名	科	属
	10	巴茅（五节芒）	*Miscanthus floridulus*（Lab.）Warb. ex Schum et Laut.		芒属
	11	芦苇	*Phragmites australis*（Cav.）Trin. ex Steud.	禾本科 Gramineae	芦苇属
	12	淡竹（小山竹）	*Phyllostachys glauca* McClure		刚竹属
	13	绿竹（马蹄竹）	*Dendrocalamopsis oldhami*（Munro）Keng f.		绿竹属
	14	广西油果樟	*Syndiclis kwangsiensis*（kosterm.）H. W. Li	樟科 Lauraceae	油果樟属
	15	肉桂	*Cinnamomum cassia* Presl		樟属
	16	鸡血藤（网络崖豆藤）	*Millettia reticulata* Benth.	豆科 Leguminosae	崖豆藤属
	17	决明（猪屎兰）	*Cassia tora* L.		决明属
	18	土茯苓	*Smilax glabra* Roxb.	百合科 Liliaceae	菝葜属
	19	野百合	*Lilium brownii* F. E. Brown ex Miellez		百合属
被子植物：40 科 57 属 62 种	20	木油桐（千年桐）	*Vernicia montana* Lour.	大戟科 Euphorbiaceae	油桐属
	21	桐子树	*Vernicia fordii*（Hemsl.）Airy Shaw		
	22	紫苏	*Perilla frutescens*（L.）Britt.	唇形科 Labiatae	紫苏属
	23	金疮小草	*Ajuga decumbens* Thunb.		筋骨草属
	24	插田泡	*Rubus coreanus* Miq.	蔷薇科 Rosaceae	悬钩子属
	25	金樱子	*Rosa laevigata* Michx.		蔷薇属
	26	三叶悬钩子（倒钩藤）	*Rubus delavayi* Franch.		悬钩子属
	27	西南山梗菜（野烟）	*Lobelia sequinii* Lévl. et Van.	桔梗科 Campanulaceae	半边莲属
	28	半边莲	*Lobelia chinensis* Lour.		
	29	细竹蒿草	*Murdannia simplex*（Vahl.）Brenan	鸭跖草科 Commelinaceae	水竹叶属
	30	鸭趾草	*Commelina communis* L.		鸭跖草属
	31	海芋	*Alocasia macrorrhiza*（L.）Schott	天南星科 Araceae	海芋属
	32	狮子尾（岩角藤）	*Rhaphidophora hongkongensis* Schott		崖角藤属

续表

大类	序号	中文名	拉丁名	科	属
被子植物：40 科 57 属 62 种	33	黄独	*Dioscorea bulbifera* L.	薯蓣科 Dioscoreaceae	薯蓣属
	34	薯蓣	*Dioscorea opposita* Thunb.		
	35	鹅掌柴（鸭脚树）	*Schefflera octophylla*（Lour.）Harms	五加科 Araliaceae	鹅掌柴属
	36	楤木	*Aralia chinensis* L.		楤木属
	37	拐枣	*Hovenia acerba* Lindl.	鼠李科 Rhamnaceae	枳属
	38	尖子木	*Oxyspora paniculata*（D. Don）DC.	野牡丹科 Melastomataceae	尖子木属
	39	山黄麻	*Trema tomentosa*（Roxb.）Hara	榆科 Ulmaceae	山黄麻属
	40	田鸡草（粪箕笃）	*Stephania longa* Lour.	防己科 Menispermaceae	千金藤属
	41	水麻	*Debregeasia orientalis* C. J. Chen	荨麻科 Urticaceae	水麻属
	42	野芭蕉（树头芭蕉）	*Musa wilsonii* Tutch.	芭蕉科 Musaceae	芭蕉属
	43	土牛膝	*Achyranthes aspera* L.	苋科 Amaranthaceae	牛膝属
	44	萝卜木（拟赤杨、水冬瓜）	*Alniphyllum fortunei*（Hemsl.）Makino	安息香科 Styracaceae	赤杨叶属
	45	毛果扁担杆（野麻根）	*Grewia eriocarpa* Juss.	椴树科 Tiliaceae	扁担杆属
	46	秋海棠	*Begonia grandis* Dry.	秋海棠科 Begoniaceae	秋海棠属
	47	大青	*Clerodendrum cyrtophyllum* Turcz.	马鞭草科 Verbenaceae	大青属
	48	盐肤木	*Rhus chinensis* Mill.	漆树科 Anacardiaceae	盐肤木属
	49	鱼尾葵	*Caryota ochlandra* Hance	棕榈科 Palmae	鱼尾葵属
	50	何首乌	*Fallopia multiflora*（Thunb.）Harald.	蓼科 Polygonaceae	何首乌属
	51	苦楝	*Melia azedarach* L.	楝科 Meliaceae	楝属
	52	鱼腥草（蕺菜）	*Houttuynia cordata* Thunb.	三白草科 Saururaceae	蕺菜属
	53	枫香树	*Liquidambar formosana* Hance	金缕梅科 Hamamelidaceae	枫香树属
	54	刺天茄	*Solanum indicum* L.	茄科 Solanaceae	茄属

续表

大类	序号	中文名	拉丁名	科	属
	55	栗	*Castanea mollissima* Blume	壳斗科 Fagaceae	栗属
	56	越南风筝果（鸡尾藤）	*Hiptage benghalensis*（L.）Kurz var. *tonkinensis*（Dop）S. K. Chen	金虎尾科 Malpighiaceae	风筝果属
	57	尼泊尔水东哥（鼻涕果）	*Saurauia napaulensis* DC.	猕猴桃科 Actinidiaceae	水东哥属
被子植物：40 科 57 属 62 种	58	臭椿	*Ailanthus altissima*（Mill.）Swingle	苦木科 Simaroubaceae	臭椿属
	59	荜拔（野胡椒）	*Piper longum* L.	胡椒科 Piperaceae	胡椒属
	60	八角枫（白筋条）	*Alangium chinense*（Lour.）Harms	八角枫科 Alangiaceae	八角枫属
	61	麦花草（戈草）	*Bacopa floribunda*（R. Br.）Wettst.	玄参科 Scrophulariaceae	假马齿苋属
	62	铁线子（猴喜树）	*Manilkara hexandra*（Roxb.）Dubard	山榄科 Sapotaceae	铁线子属

4.4.2　伴生植物与马槟榔长势的相关性分析

野外调查发现，马槟榔生境植被较为丰富，植被与马槟榔长势有明显相关性。植被较好、植物种类丰富的区域，马槟榔长势较好。例如，广西的天峨、西林，云南的西畴、马关、文山，这些区域林被茂盛，既有高大的乔木，又有低矮的灌木，林下还有多种草本植物。而植被较差的地方如贵州罗甸、广西东兴、柳江、防城等地，植物种类单一，人工耕作明显，栽培植物成为当地的强势植物，马槟榔被当作无用的"刺树"被砍伐，仅剩的植株长势不好，处于死亡的边缘（表 4-6）。

表 4-6　马槟榔长势与生境植被统计分析表

编号	生长地	生境及植被
1	贵州罗甸	典型的砾质壤土，黑色；有 2 株生长于离溪沟底部 10～20 m 的陡坡处，为原始植被，其上部位均已开垦，种植有栗树、杉树、千年桐等；自然区域植物种类有艾、茅草、紫苏、巴茅，以及多种蕨类植物等；年平均气温 19.0～22.1℃，极端最低气温 −1.6～−1.3℃
2	广西防城港市东兴市马路镇平丰村	砾质壤土；生于溪边，距沟底约 5 m，坡度近垂直；单株生长，周边均有人工林，光照充足，长势一般，植物种类有竹帛、桂皮、芦苇、椤网果、巴茅、猴喜树、天泡子、马蹄竹、山龙眼、卷柏、半边旗、乌毛蕨、芒萁及青藤等；海拔 60 m
3	广西柳江土博镇土博村	土壤类型为中性砂质土；生于沟谷中，距沟底 13 m；空气湿度高，光照阴暗，年平均气温为 18.8℃，气温凉爽，昼夜温差较大；植物种类有柑橘、半边旗、芦苇、天泡子、鸭跖草等

编号	生长地	生境及植被
4	广西防城港市华石镇	砾质土壤；生于沟边，距沟底约3 m，坡度60°；湿润，生境阴暗，单株生长，长势不好，几乎没有新生枝；植物种类有桂皮、山竹、鸡血藤、尖子木、山药、乌毛蕨、金毛狗、半边旗等
5	广西崇左、百色、河池	典型的砾质壤土，黑色或黄色；多株群生，生于山沟或溪边，距沟底3~800 m，坡度30°~90°；生境湿润，光线较好，长势良好，新生枝众多；植物种类有桂皮、杉木、捌枣树、枫树、野芭蕉、蒿草、野烟、田鸡草、水麻、野胡椒、蘘草、樟树、桐子树、鸡尾藤、革命菜、山药、土牛膝、猪屎兰、倒钩藤、斑鸠菊、无花果、土茯苓、萝卜木、白筋条、千年桐、戈草、野麻根、鸭跖草、莠竹、大青、广西木椿、鼻涕果、山麻黄、颜夫木、金英子、紫茎泽兰、岩角藤、海金沙、刺颠茄、小山竹、天泡子、构树、羽尾葵、海芋、鸭脚树、秋海棠、爬岩姜、黄药子、葱木、首乌、金竹、巢蕨、肾蕨、凤尾蕨、乌毛蕨、星月蕨等55种，还有百合科、桑科、盐麻科、菊科、云香科、毛瓜科、茄科、楝科、豆科类等不知名植物10多种

第5章 马槟榔的遗传多样性

分析马槟榔种质资源遗传多样性，是认识和了解马槟榔在野生生境状态下亲缘关系和进化关系的重要手段，为鉴别种内的亚种、变种及选育优良植株提供了分子及理论依据。本章主要介绍马槟榔总 DNA 提取、RAPD 反应体系的优化、引物的筛选和种质资源遗传多样性等。

5.1 马槟榔总 DNA 提取（SDS-CTAB 法提取总 DNA）

用 SDS-CTAB 法从 23 份马槟榔样品中提取的 DNA 浓度约为 40 ng/μL，少数高达 100 ng/μL 以上，且杂质较少，可以满足 RAPD 的实验要求。电泳研究显示 Maker 为 λDNA，大小为 48 kb，所以马槟榔基因组 DNA 大小约为 48 kb（图 5-1、图 5-2）。

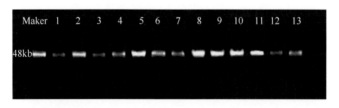

图 5-1 SDS-CTAB 法从 13 份马槟榔样品中提取的 DNA

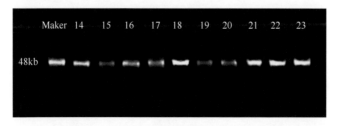

图 5-2 SDS-CTAB 法从 10 份马槟榔样品中提取的 DNA

在马槟榔总 DNA 提取过程中，研磨后的马槟榔叶片极易褐变，水浴时加入一定量的 2-巯基乙醇效果较好；马槟榔叶片中含有较多的多糖，在沉淀 DNA 时，最好使用 1～2 倍体积的无水乙醇，其原因是异丙醇沉淀的叶片 DNA 混合物呈黏稠胶状，效果较差。SDS-CTAB 法能够较好地去除马槟榔组织中的多糖和蛋白质，成功地从马槟榔叶片中提取到完整的、较纯的基因组 DNA，符合 RAPD 等的实验要求。

5.2 RAPD 反应体系的优化

5.2.1 dNTPs 浓度

研究显示，将 dNTPs 的终浓度梯度设置为 0.05 mmol/L、0.10 mmol/L、0.20 mmol/L、0.40 mmol/L、0.60 mmol/L（重复一次），当浓度为 0.20 mmol/L 时，RAPD 效果较好，因此获得 RAPD 反应的最佳 dNTPs 浓度为 0.20 mmol/L（图 5-3）。

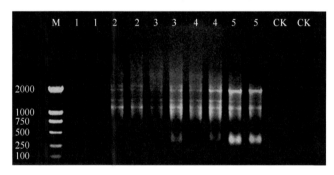

图 5-3　不同 dNTPs 浓度的 RAPD 结果

1. 0.05 mmol/L；2. 0.10 mmol/L；3. 0.20 mmol/L；4. 0.40 mmol/L；5. 0.60 mmol/L；CK. 空白对照

5.2.2 Primer 浓度

研究显示，将 Primer 终浓度梯度设置为 0.25 μmol/L、0.50 μmol/L、1.0 μmol/L、1.5 μmol/L、2.0 μmol/L（重复一次），浓度为 1.0 μmol/L 时效果较好，因此本实验采用 1.0 μmol/L 的 Primer 浓度（图 5-4）。

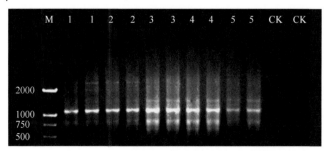

图 5-4　不同 Primer 浓度的 RAPD 结果

1. 0.25 μmol/L；2. 0.50 μmol/L；3. 1.0 μmol/L；4. 1.5 μmol/L；5. 2.0 μmol/L；CK. 空白对照

5.2.3　*Taq*DNA 聚合酶浓度

研究显示，将 *Taq*DNA 聚合酶终浓度梯度设置为 0.5 U/25 μL、1.0 U/25 μL、1.5 U/25 μL、2.0 U/25 μL、2.5 U/25 μL（重复一次），当浓度为 1.0 U/25 μL 和 1.5 U/25 μL 时效果较好，而 2.0 U/25 μL 和 2.5 U/25 μL 扩增效果虽好，但背景较重，不易观察实验结果。出于节约成本，本实验采用 1.0 U/25 μL 的 *Taq*DNA 聚合酶浓度（图 5-5）。

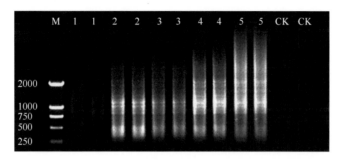

图 5-5　不同 *Taq*DNA 聚合酶浓度的 RAPD 结果

1．0.5 U/25 μL；2．1.0 U/25 μL；3．1.5 U/25 μL；4．2.0 U/25 μL；5．2.5 U/25 μL；CK．0 U/25 μL

5.2.4　模板 DNA 浓度

研究显示，将 40 ng/μL DNA 浓度的模板加样量设置为 0.5 μL、1.0 μL、1.5 μL、2.0 μL 和 2.5 μL 5 个梯度，加样量为 1.0 μL 时扩增效果较好。过低，扩增结果不稳定且产物量少；过高，可能使引物或 dNTPs 过早被耗尽，底物过量扩增，过早进入线性阶段，出现扩增结果不稳定的假象。为节省模板，实验中采用每个反应加样 1.0 μL（图 5-6）。

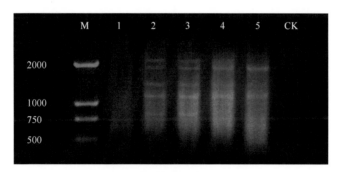

图 5-6　不同模板 DNA 浓度的 RAPD 结果

1．0.5 μL；2．1.0 μL；3．1.5 μL；4．2.0 μL；5．2.5 μL；CK．0 μL

5.2.5　优化后的 RAPD 反应体系

马槟榔优化后的 25 μL RAPD 反应体系为：1×Buffer，0.20 mmol/L dNTPs，

1.0 μmol/L Primer，10～20 ng/μL Template DNA，1.0 U *Taq*DNA 聚合酶。此反应体系可用于山柑属其他植物的 RAPD 分析（表 5-1）。

表 5-1　优化的 RAPD 反应体系

组分	使用浓度	终浓度	体积 /μL
Buffer	10×	1×	2.5
dNTPs	10 mmol/L	0.20 mmol/L	0.5
Primer	25 μmol/L	1.0 μmol/L	2.0
Template DNA	40 ng/μL	16 ng/μL	1.0
*Taq*DNA	5 U/μL	1.0 U/25 μL	0.2
ddH$_2$O	18.8 μL		
终体积	25 μL		

5.3　引物的筛选

研究显示，从 100 条随机引物中筛选得到 9 条多态性较好且条带清晰的引物（引物编号及序列如表 5-2 所示）。引物 S71、S1505 对马槟榔种质的 PCR 扩增效果较好（图 5-7～图 5-10）。

表 5-2　9 个引物编号、核苷酸序列及其扩增结果

引物编号	核苷酸序列（5′→3′）	总扩增条带数	多态性条带数	多态性比率 /%
S71	AAAGCTGCGG	14	12	85.71
S240	CAGCATGGTC	10	9	90.00
S487	CCCCGATGGT	9	6	66.67
S1105	GGGCTATGCC	12	11	91.67
S1117	GCTAACGTCC	15	15	100.00
S1126	GGGAACCCGT	6	5	83.33
S1438	TTGGGGGAGA	13	12	92.31
S1505	CCCACTAGAC	13	13	100.00
S1508	AAGAGCCCTC	12	12	100.00
平均		11.6	10.6	89.97

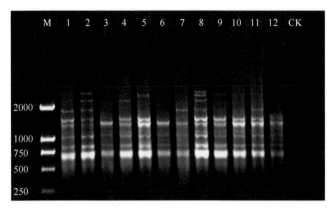

图 5-7　引物 S71 对 12 份马槟榔种质的 PCR 结果

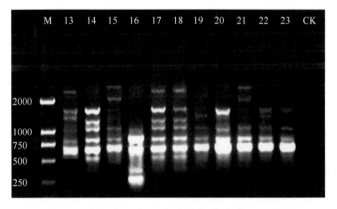

图 5-8　引物 S71 对 11 份马槟榔种质的 PCR 结果

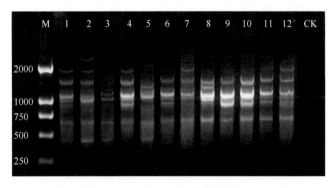

图 5-9　引物 S1505 对 12 份马槟榔种质的 PCR 结果

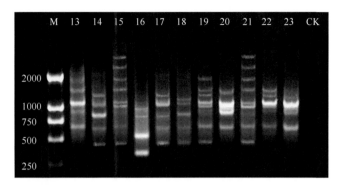

图 5-10　引物 S1505 对 11 份马槟榔种质的 PCR 结果

5.4 种质资源遗传多样性分析

5.4.1 RAPD 扩增产物的多态性分析

从 100 条 RAPD 随机引物中共筛选出 9 条多态性好、条带清晰的引物，对 19 份马槟榔种质和 4 份近缘种质扩增的结果显示：9 条引物共扩增出 104 条带，平均每条引物扩增出 11.6 条带，最多的能得到 15 条清晰带（S1117），最少的有 6 条（S1126）。在 104 条带中，有 91 条重复性好、清晰的多态带，多态性条带比率（PPB）为 91.35%。POPGENE 1.32 软件分析结果表明，平均 Shannon 信息指数（I）为 0.4205，平均 Nei's 基因多样性（H）为 0.2728，每位点平均有效等位基因数（NE）为 1.4508。马槟榔的 RAPD 扩增片段大多集中在 300～2500 bp，也有一些少数特异位点在此范围以外。其中条带 SAS-1117$_{550}$（Sangon 公司 S1117 引物扩增出的大小约为 550 bp 的马槟榔特异性条带）可以非常清楚地把马槟榔与其同属植物锡朋槌果藤及其相似种区分开来（表 5-3、图 5-11、图 5-12）。

5.4.2 RAPD 相似系数分析

研究显示，用 POPGENE 1.32 软件算出 23 份种质间的遗传相似系数（GS）变化范围为 0.3846～0.9519，其中相似系数最大（0.9519）的分别为来自广西防城的 1 号与广西东兴的 2 号、来自广西宜州的 15 号与广西靖西的 21 号，说明它们之间的亲缘关系最近。广西防城与东兴同属于广西十万大山周边区，地理位置和气候条件相似，推测这两个区域的居群在马槟榔种质资源的进化和传播过程中存在一致性；相似系数最小（0.3846）的是来自海南三亚的近缘种 16 号与分别来自广西东兴的 2 号和宜州的 15 号，说明其亲缘关系最远。同时，可以看出：海南三亚的马槟榔近缘种与马槟榔的亲缘关系非常远，且与马槟榔同属植物锡朋槌果藤 14 号、18 号的亲缘关系同样较远，说明采自海南三亚的样品可能是马槟榔同科植物（表 5-3）。

表 5-3 遗传缺失与遗传距离的无偏测度*

序号	1	2	3	4	5	6	7	8	9	10	11	12	13	14	15	16	17	18	19	20	21	22	23
1	****	0.9519	0.8462	0.8077	0.7019	0.8173	0.8558	0.8077	0.7212	0.7212	0.8173	0.8750	0.8173	0.5962	0.8173	0.4327	0.5769	0.6442	0.8750	0.7500	0.8269	0.7981	0.7788
2	0.0493	****	0.8178	0.7788	0.6731	0.7692	0.8269	0.7981	0.6731	0.6731	0.7692	0.8269	0.7885	0.5865	0.8077	0.3846	0.5865	0.6538	0.8462	0.7019	0.8173	0.7500	0.7308
3	0.1671	0.2017	****	0.7692	0.7593	0.7981	0.7788	0.7115	0.7596	0.6731	0.8173	0.8365	0.7788	0.6346	0.7404	0.5096	0.5962	0.6442	0.8365	0.7692	0.7500	0.7788	0.8173
4	0.2136	0.2499	0.2624	****	0.8173	0.8750	0.7212	0.8654	0.7596	0.7596	0.7981	0.7788	0.7788	0.5962	0.6250	0.5096	0.6538	0.6442	0.7212	0.8269	0.6346	0.8558	0.8365
5	0.3539	0.3959	0.2749	0.2017	****	0.8077	0.8750	0.8173	0.8558	0.8750	0.7981	0.7115	0.7308	0.6346	0.5962	0.5385	0.5865	0.5577	0.7115	0.8365	0.6058	0.8077	0.8269
6	0.2017	0.2624	0.2256	0.1335	0.2136	****	0.8077	0.8365	0.8462	0.8462	0.7885	0.8462	0.8077	0.6442	0.5962	0.5385	0.5865	0.5962	0.8077	0.8558	0.6058	0.8462	0.8654
7	0.1558	0.1900	0.2499	0.3269	0.4249	0.2136	****	0.7019	0.8269	0.8269	0.8269	0.9038	0.8077	0.6058	0.6923	0.4231	0.5673	0.6346	0.8558	0.7019	0.7019	0.7115	0.7308
8	0.2136	0.2256	0.3403	0.1446	0.2017	0.1785	0.3539	****	0.7019	0.6923	0.8269	0.7596	0.8077	0.6058	0.7303	0.4231	0.5673	0.6346	0.8077	0.7596	0.7596	0.8173	0.7596
9	0.3269	0.3959	0.2749	0.1558	0.1671	0.1900	0.3677	0.2017	****	0.9423	0.8654	0.7500	0.7308	0.6190	0.5013	0.3846	0.5013	0.5173	0.6923	0.8365	0.5013	0.8462	0.8269
10	0.3269	0.3959	0.2749	0.1558	0.1671	0.1900	0.3677	0.2017	0.0594	****	0.8654	0.7500	0.7500	0.5839	0.5577	0.3677	0.5385	0.5769	0.6635	0.5385	0.5385	0.6346	0.6731
11	0.2017	0.2624	0.2017	0.2256	0.2377	0.1900	0.1900	0.2256	0.1900	0.1446	****	0.8462	0.7500	0.6058	0.5577	0.2256	0.5013	0.6538	0.7692	0.7981	0.8269	0.8462	0.8269
12	0.1335	0.2017	0.1785	0.2499	0.3403	0.1671	0.1011	0.2749	0.2877	0.2877	0.1671	****	0.8269	0.6250	0.7692	0.5000	0.5673	0.6538	0.7788	0.7596	0.7885	0.7692	0.8077
13	0.2017	0.2377	0.1785	0.2499	0.3137	0.1671	0.2136	0.3269	0.2877	0.2877	0.2136	0.1900	****	0.6250	0.7692	0.5000	0.5673	0.6154	0.8654	0.7788	0.7788	0.7885	0.8077
14	0.5173	0.5335	0.4547	0.3269	0.4397	0.3677	0.5013	0.5173	0.4397	0.5013	0.4103	0.4397	0.4700	****	0.5669	0.5000	0.8654	0.8365	0.8462	0.7596	0.6190	0.4700	0.4103
15	0.2017	0.2136	0.4397	0.4397	0.5173	0.5013	0.3137	0.4397	0.5173	0.5839	0.4249	0.2877	0.2624	0.5669	****	0.5673	0.5288	0.5769	0.6250	0.8750	0.9519	0.6346	0.6731
16	0.8377	0.9555	0.6741	0.1900	0.3403	0.2136	0.8602	0.3269	0.3403	0.3677	0.2256	0.6931	0.8157	0.6371	0.7324	****	0.5288	0.4808	0.6058	0.3942	0.5192	0.5769	0.6154
17	0.5500	0.5335	0.5173	0.4249	0.5335	0.5335	0.5669	0.4855	0.5013	0.5335	0.5013	0.5669	0.5335	0.1446	0.5500	0.5288	****	0.8750	0.5673	0.5385	0.6731	0.6250	0.6058
18	0.4397	0.4249	0.4397	0.4397	0.5839	0.5173	0.4547	0.5013	0.5173	0.5500	0.4249	0.4249	0.4855	0.1785	0.5669	0.4808	0.1335	****	0.5500	0.5673	0.5669	0.5669	0.5173
19	0.1335	0.1671	0.1785	0.3269	0.3403	0.2136	0.2136	0.3269	0.3403	0.3677	0.2624	0.1446	0.1671	0.4700	0.2749	0.7324	0.5669	0.5500	****	0.7596	0.8558	0.7885	0.7692
20	0.2877	0.3539	0.2624	0.1900	0.1785	0.1558	0.2749	0.2877	0.1335	0.1785	0.2256	0.2499	0.2499	0.4547	0.1558	0.5013	0.5673	0.5673	0.7596	****	0.6731	0.6250	0.6058
21	0.1900	0.2017	0.2877	0.4547	0.5013	0.3539	0.2749	0.4249	0.5013	0.5013	0.3539	0.2499	0.2749	0.6190	0.0493	0.9303	0.6554	0.5669	0.1558	0.6731	****	0.6635	0.9135
22	0.2256	0.2877	0.2499	0.1558	0.2136	0.1671	0.3137	0.2017	0.2136	0.1671	0.2136	0.2624	0.2377	0.4700	0.4547	0.5500	0.4700	0.5173	0.2377	0.4103	0.6635	****	0.8846
23	0.2499	0.3137	0.3137	0.1785	0.1900	0.1446	0.3137	0.2749	0.1900	0.1900	0.1900	0.2377	0.2136	0.4103	0.3959	0.4855	0.5013	0.5173	0.2624	0.4103	0.0905	0.1226	****

*Nei's 遗传同一性（对角线上）和遗传距离（对角线下）

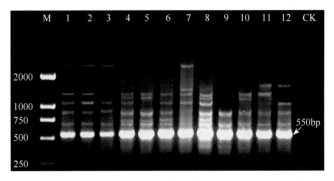

图 5-11 引物 S1117 对 12 份马槟榔种质的 PCR 结果

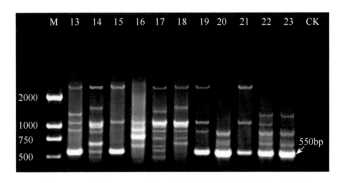

图 5-12 引物 S1117 对 11 份马槟榔种质的 PCR 结果

5.4.3 RAPD 聚类分析

基于遗传相似系数，按 UPGMA 法作聚类分析，获得了聚类树系（图 5-13）。由聚类图可把 19 份马槟榔种质和 4 份相关属种质聚为 3 类（等值线 $GS=0.62$ 处），其中 16 号海南三亚近缘种单独聚为一类，说明其与马槟榔的亲缘关系最远；广西防城 14 号、海南白沙近缘种 17 号和广东封开 18 号聚为一类，说明它们亲缘关系较近。14 号和 18 号采样时初步判断为马槟榔同属植物锡朋槌果藤，经聚类分析得到的结果正好证明了这一判断，而聚类结果证明海南白沙近缘种与马槟榔同属植物锡朋槌果藤亲缘关系较近，这也说明在海南引种种植锡朋槌果藤及其同属植物马槟榔可行性较强。

从聚类树系图还发现，马槟榔的 19 份材料又在等值线 $GS=0.75$ 处聚为两组：第一组主要分布在南盘江—红水河流域（都阳山脉—凤凰山脉区域）和十万大山区域；第二组主要分布在云南盘龙江流域和广西右江流域（老君山—六诏山脉区域）。但两组分布区域不绝对，相互间在区域上有重叠，如广西柳江属于红水河流域，云南西畴、广西靖西分别属于盘龙江和右江流域，说明马槟榔的

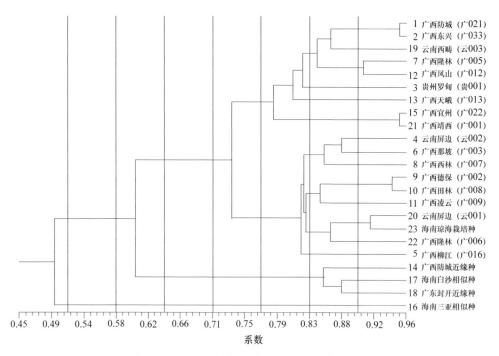

图 5-13 23 份马槟榔种质的 UPGMA 聚类结果

遗传多样性在各区域均有体现，其居群间和居群内均存在遗传差异。聚类分组如表 5-4 所示。

表 5-4 19 份马槟榔种质的 UPGMA 聚类结果

组号	样品编号	样品来源
1	1、2、3、7、12、13、15、19、21	广西防城、东兴、隆林、凤山、天峨、宜州、靖西；贵州罗甸；云南西畴
2	4、5、6、8、9、10、11、20、22、23	云南屏边、红河；广西柳江、那坡、西林、德保、田林、凌云；海南琼海栽培种

5.5 遗传多样性分析与马槟榔历史变迁

文献记载，华南、滇南和藏南大多处于低纬度地区，又濒临热带海洋，自古气候常燠，无雪霜或少雪霜，植被茂密，以热带森林为主。有史料记载，"两广"大部分地方在宋代仍然"山林翳密"，广西山区有的森林直到 18 世纪犹称"树海"，滇南更是山高林密，"榛莽蔽翳""草木畅茂""山多巨材"。因此我们认为，马槟榔很久以前在滇南、华南的森林中可能广泛分布，当经历多次寒害和长期、反复的"刀耕火种"以后，其分布区逐渐缩小至今日之状况。十万大山和岑王老山区域起源古老，受第四纪北方大陆冰川影响甚微，而使马槟榔得以保存下来。马槟榔是异交植物，在两个分布区中心进行了种群的演化和传播，但由于受气候、人为因素和自身因素的影响，难以进行有性繁殖，只有小区域的无性繁殖，导致种质未发生较大变异，从而形成如今马槟榔种质资源的差异性分布，聚类仅分 2 个组别。数据分析显示，来自同一地区广西隆林的 7 号和 22 号之间的相似系数为 0.7115，存在一定的遗传差异，说明马槟榔居群内部存在一定的遗传变异（表 5-4、图 5-13）。然而由于马槟榔在自然环境下的繁殖方式和交配系统尚未明确，这两者恰恰是影响居群生物学最重要的因素，因此马槟榔种质资源的差异性分布原因及种群起源中心还需要进一步研究证明。

5.6 马槟榔存在亚种或变种的推论

本研究发现，大粒种和小粒种自身单粒的长、宽及重的个体间差异虽不显著，但大粒种和小粒种相比，其种子长、宽和单粒重用配对 t 测验方法进行方差分析，差异达极显著。另外对分布区的中心以流域为特征进行划分，正好可以分成南盘江—红水河流域分布区中心、云南盘龙江流域和广西右江流域分布区中心，两中心分别主要位于南亚热带区和北热带区，不同的区域和气候环境有可能使同种植物产生新的亚种和变种。遗传多样性分析结论正好与种子形态差异分析和区域分布中心相吻合，将 19 份种质资源聚类为 2 个组别。由此推断马槟榔野生资源种内存在亚种或变种的可能性极大，或者为大粒种与小粒种的品种差异（表 5-5）。

表 5-5　马槟榔种子大小、重量差异显著性分析结果

样品	长度 /cm	宽度 /cm	干单粒重 /g
大粒种　广 001	1.56±0.13A	1.22±0.17A	0.68±0.13A
小粒种　广 003	1.36±0.15B	1.08±0.15B	0.58±0.11B

注：t 测验，大写字母表示 $P<0.01$，极显著水平

第 6 章　马槟榔甜蛋白

研究发现，马槟榔种子中的甜味成分是蛋白质。胡忠等在1983年首次分离到马槟榔种子里的甜味蛋白，称为 Mabinlin，中文名为马宾灵或马槟榔甜蛋白。

6.1　马宾灵的分离纯化

6.1.1　提取方法

6.1.1.1　50% 丙酮水溶液提取方法

将马槟榔种子去壳、粉碎，种仁粉末用石油醚浸提脱脂，脱脂种仁干粉于5℃存放备用。每克脱脂干粉加50%丙酮水溶液10～20 mL，在室温下快速搅拌提取5 min，离心去残渣。向提取液中滴加1 mol/L NaOH调至pH 10.0左右，即发生沉淀。将沉淀离心分离，加适量水，用1 mol/L HCl调至pH 6.0左右使蛋白质溶解，该溶液过羧甲基纤维素柱层析分离。样品液直接上已经平衡的羧甲基纤维素柱层析柱，用蒸馏水洗至流出液在280 nm处无吸收，然后分别用0.2 mol/L、0.45 mol/L和0.8 mol/L NaCl溶液进行顺序洗脱，紫外检测器280 nm检测，收集各蛋白质组分。各部分用透析袋在室温下对蒸馏水透析脱盐，或用超滤膜超滤脱盐，浓缩，经冰冻干燥后于5℃冰箱中保存。

6.1.1.2　0.5 mol/L NaCl 溶液提取方法

将马槟榔种子去壳、粉碎，种仁粉末用石油醚浸提脱脂，脱脂种仁干粉于5℃存放备用。每克脱脂干粉加0.5 mol/L NaCl溶液200 mL，在室温下快速搅拌浸提30 min，离心后再过滤去除残渣。向提取液中加入（NH_4）$_2$$SO_4$至70%的饱和度，即出现沉淀。离心收集沉淀，沉淀用50 mmol/L甘氨酸/NaOH pH 9.0溶解，该溶液过羧甲基纤维素柱层析分离。蛋白质组分的收集和保存方法参照50%丙酮水溶液提取方法。

6.1.1.3 不同溶液提取方法的比较

使用不同溶液提取马宾灵的得率显著不同。分别使用 0.1 mol/L 磷酸缓冲液 pH 6.2、盐酸溶液 pH 2.0、10% 甘油水溶液、20% 饱和度（NH_4）$_2SO_4$ 提取液和 50% 丙酮水溶液提取马宾灵时，发现以 50% 丙酮水溶液不经调 pH 直接上羧甲基纤维素柱层析柱的方法得率最高，可达脱脂种仁干粉的 18%。综合比较各种方法后认为采用 0.5 mol/L NaCl 溶液提取、70% 饱和度（NH_4）$_2SO_4$ 沉淀的方法较佳。该方法使用（NH_4）$_2SO_4$ 盐析沉淀蛋白质的方法较为温和，不会导致蛋白质失活。而使用 50% 丙酮水溶液提取调 pH 时极容易导致蛋白质聚集沉淀失活，若直接使用 50% 丙酮水溶液提取上柱则会对羧甲基纤维素柱层析柱有较大损害。

6.1.2 马宾灵同系物蛋白的分离

在最初的马槟榔种子甜蛋白的分离中发现有性质较为相似的蛋白质存在，对马宾灵的进一步分离纯化后发现有 4 种马宾灵的同系物蛋白存在。马宾灵同系物蛋白的分离与马宾灵的分离过程类似，收集用 0.8 mol/L NaCl 溶液洗脱下的蛋白质后再进一步通过反向 HPLC 进行分离。最后研究发现在马槟榔的种子中有 4 种同系物蛋白，分别为 Mabinlin I -1、Mabinlin II、Mabinlin III 和 Mabinlin IV（图 6-1）。

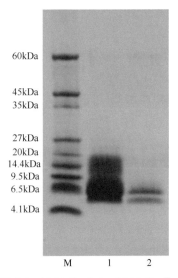

图 6-1 Mabinlin I -1、Mabinlin II、Mabinlin III 和 Mabinlin IV 的分离
M: 蛋白质分子质量标准；1. 马宾灵同系物蛋白；2. Mabinlin II

6.1.3 马宾灵及其同系物蛋白的活性

马宾灵及其同系物蛋白的甜度约为蔗糖的 100～400 倍（重量比），其甜味阈值为 0.1%。在热稳定性方面，Mabinlin II 与其他同系物蛋白相比热稳定性最佳，因而马宾灵常指代为 Mabinlin II。Mabinlin II 的热稳定性最高，在酸性条件下比较稳定，在 100℃下保温 48 h 可保持甜味活性不被破坏，Mabinlin III 和 Mabinlin IV 在 80℃ 保持 1 h 不失活，而 Mabinlin I -1 在 80℃ 保持 0.5 h 就失去活性。

6.1.4 马宾灵及其同系物蛋白的氨基酸序列

利用埃德曼降解法分别测定出马宾灵及其同系物蛋白的氨基酸序列。根据氨基酸序列分析，马宾灵由 A、B 两条链组成，A 链的分子质量为 4.6 kDa，B 链的分子质量为 5.2 kDa。马宾灵的 A 链大多数氨基酸为疏水性氨基酸，B 链中也含有很多疏水氨基酸。两条链中 Glu 和 / 或 Gln 与 Arg 数量较多，且两条链均不含 Ser、Thr、Tyr、Met 和 Lys。马宾灵共有 8 个 Cys，形成 4 对二硫键，其中 2 对为 B 链的链内二硫键，2 对 A 链与 B 链之间的链间二硫键。

6.2　马宾灵的结构分析

利用生物信息学方法对马宾灵氨基酸序列的理化性质、结构特征和功能进行预测分析，这将有助于了解马宾灵相关基因的生物学性质、同源性、生物进化信息等。马宾灵氨基酸序列的组成成分分析、理化性质分析利用 ProtParam、pI/MV 在线工具进行；蛋白质信号肽、二硫键的预测，卷曲螺旋、跨膜结构域及亲水性 / 疏水性的分析用在线工具 SignalP、COILS、TMHMM 及 ProtScale 完成；蛋白质二级及三级结构的预测利用 GOR 算法及 Swiss-Model 在线工具完成。

6.2.1　马宾灵氨基酸序列的理化性质分析

用 Expasy 网络服务器的 ProtParam、pI/MV 在线工具对马宾灵进行在线预测。结果显示，马宾灵的理论分子质量为 12.4 kDa，理论等电点为 pH 11.7，酸性氨基酸比率为 2.9%，碱性氨基酸比率为 20.0%，带负电荷氨基酸比率为 2.9%，带正电荷氨基酸比率为 17.1%，极性氨基酸比率为 58.2%，疏水性氨基酸比率为 37.2%，蛋白质不稳定性指数为 87.77%，属于不稳定类脂类结合蛋白质家族，脂类结合蛋白质指数为 73.43%，疏水性 GRAVY 值为 −0.752，含量最丰富的氨基酸分别为 Glu 18.1%、Arg 17.1%、Pro 8.6%、Leu 8.6%。

6.2.2　马宾灵氨基酸序列的信号肽的预测和分析

用 Expasy 网络服务器的 SignalP3.0 Sever 在线工具对马宾灵的氨基酸序列进行预测。结果显示，马宾灵的多肽链第 18 位的 Cys 残基具有最高的原始剪切位点分值 0.16，第 12 位的 His 残基具有最高的信号肽分值 0.57，第 18 位的 Cys 残基同样也具有最高的综合剪切位点分值 0.19。但分值明显的低于平均分值 0.5 不存在信号肽酶切位点，不具有信号肽。这意味着马宾灵可能经历了翻译后加工过程去除了信号肽，而形成最终的成熟蛋白质。

6.2.3　马宾灵氨基酸序列的卷曲螺旋的预测和分析

用 Expasy 网络服务器的 COILS Sever 在线工具对马宾灵氨基酸序列的卷曲螺旋进行预测。结果表明，马宾灵在位于多肽链前 40 个氨基酸残基处有一段长约 20 个氨基酸的不明显卷曲螺旋区域，仅有一个不明显的卷曲螺旋结构（图 6-2）。

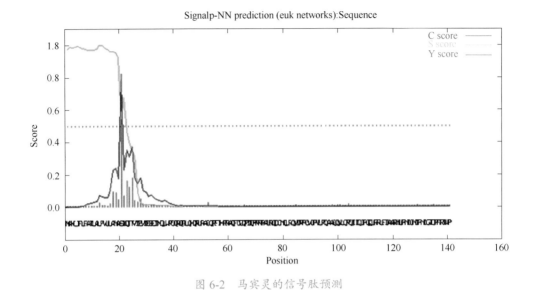

图 6-2　马宾灵的信号肽预测

6.2.4　马宾灵氨基酸序列的跨膜结构域的预测和分析

利用 Expasy 网络服务器的在线工具（http://genome.cbs.dtu.dk/services/TMHMM-2.0/）对马宾灵氨基酸序列的跨膜结构域进行在线预测。结果显示，马宾灵不存在跨膜螺旋，这与马宾灵系翻译后加工过程产生的蛋白质相一致。

6.2.5　马宾灵氨基酸序列的二硫键的预测和分析

利用 Expasy 网络服务器 PredictProtein 对马宾灵氨基酸序列的二硫键进行在线预测。结果显示，马宾灵有 8 个半胱氨酸残基，第 5 位与第 100 位、第 18 位与第 92 位、第 43 位与第 54 位和第 44 位与第 56 位的半胱氨酸残基上形成 4 个二硫键。这与成熟马宾灵的二硫键结构相吻合。

6.2.6　马宾灵氨基酸序列的疏水性/亲水性预测和分析

依据氨基酸分值越低亲水性越强、分值越高疏水性越强的规律，用 Expasy 网络服务器的 ProtScale Sever 在线工具对马宾灵的氨基酸序列的疏水性/亲水性进行在线预测。结果显示，马宾灵位于多肽链第 34 位的谷氨酰胺具有最低分值（−2.744），亲水性最强；第 94 位和第 97 位的异亮氨酸均具有最高分值（1.000），疏水性最强。马宾灵在多肽链的后半部有明显的少量疏水性氨基酸分布，多肽链的其余部分均为亲水性氨基酸。由于亲水性氨基酸明显多于疏水性氨基酸，可认为马宾灵为亲水性蛋白。

6.2.7　马宾灵氨基酸序列结构功能域的预测和分析

利用 Expasy 网络服务器的 ScanProsite 在线工具分析马宾灵的氨基酸序列的结构功能域。结果表明，马宾灵存在谷氨酰胺富集区，该位点不具有保守性，应该不具有显著意义。可以推测马宾灵可能不存在特殊的结构功能域。

6.2.8　马宾灵氨基酸序列二级结构的预测和分析

利用 GOR 算法对马宾灵的氨基酸序列的二级结构进行在线预测，整理结果显示。马宾灵由 20.95% 的 α-螺旋、26.67% 的 β-折叠和 52.38% 的无规则卷曲组成，α-螺旋和 β-折叠都分散于整个蛋白质中，无明显的规律。

6.3　马宾灵的甜味机理

6.3.1　温度和 pH 对甜味的影响

与蔗糖相比，甜蛋白的高甜度早已引起人们的注意，但对其甜味机理的研究尚处于探索阶段。人们注意到温度对甜味的影响：Mabinlin I-1 经 0.5 h 的高温（80℃）温浴后甜味会消失。温度、pH 等因素破坏了分子内的二硫键并进一步影响蛋白质的高级结构时其甜味便消失。

6.3.2　Ca^{2+} 对蛋白质的甜味效应

Ca^{2+} 对蛋白质的甜味效应也有一定影响，原因可能是味蕾细胞的表面存在一个 Ca^{2+} 调节的环核苷酸级联过程，它通过浓度的升降来改变细胞中离子通道（主要是 Ca^{2+} 通道或 Ca^{2+} 介导的阳离子通道）的活性，从而影响甜蛋白的甜味效应。

6.3.3　马宾灵的甜味转导机理

现在人们对甜蛋白甜味机理的分子机制进行了深入研究，已发现丛集在味蕾的味觉受体细胞的存在。每一种味蕾均有孔道开口于舌的表面，使进入口中的分子和离子能通过孔道到达受体细胞。T1Rs 是哺乳动物味觉细胞表面的一类受体，通过两两结合成异二聚体形成 G-蛋白相关受体复合物，T1R2-T1R3 为哺乳动物的甜味受体。甜味蛋白与 T1R2-T1R3 的相互作用机制和小分子与 T1R2-T1R3 的相互作用机制是不同的。最近研究发现 T1R2-T1R3 受体与谷氨酸钠盐受体（mGluR）有许多相似特征，在活动区域仅有微小差异。

Kunishima 等的研究解决了 mGluR 在自由状态和结合谷氨酸钠盐状态下受

体 N- 末端活性区域的晶体结构问题，为我们理解配体与 T1R2-T1R3 受体之间相互作用的机制问题提供了思路。他们的工作表明在谷氨酸盐的作用下 T1R2-T1R3 受体的构象发生了显著变化。mGluR 的细胞外受体结合区域 -M1-LBR 的 "活动" 状态和 "休息" 状态为二聚体的表面所调节（图 6-3）。二聚体原体中称之为 LB1 、LB2 的两个区域可构成 "开" 与 "关" 两种构象：①自由形式 I（开 - 开）为两个开放原体的 "休息" 结构；②自由形式 II（关 - 开）为原体的 "活动" 结构。"活动" 构象依赖于配体的结合。研究表明受体的这种构象处于最佳动力学平衡状态，且由于配体的结合使活性二聚体受体处于更稳定状态。原则上有两种方式活化受体：①自由形式 I 的二聚体受体与合适的配体契合；②改变自由形式 I 和自由形式 II 之间的平衡使之有利于自由形式 II 的稳定。Ravi Kant 等的研究表明布拉齐因（Brazzein）、莫乃灵（Monellinhe）和马宾灵均可使 T1R2-T1R3 的自由形式 II 结合并使之处于稳定状态。图 6-3 即为他们所提出的一种马宾灵与 T1R2-T1R3 结合的结构模型。通过对原子、分子大小，主要化学键和极性等因素的计算分析初步确定了配体与受体中参与相互作用的氨基酸残基。甜蛋白与甜蛋白受体 T1R2-T1R3 之间的确切作用机制目前仍未阐明。在人类中小分子质量甜

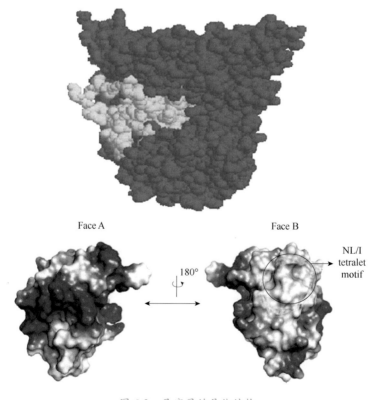

图 6-3　马宾灵的晶体结构

味剂和甜蛋白的受体是一样的，均为 T1R2-T1R3。研究表明 T1R3 受体蛋白是由 Taslr3——一种与甜味转换相关的基因家族所编码。

目前，对马宾灵蛋白晶体结构衍射的最新研究发现，在马宾灵的 B 链上存在一个与甜味活性位点有关的［NL/I］特殊基序，该基序的构象与甜味受体分子 hT1R2/T1R3 相匹配即可产生甜味传导信号进而产生甜味感觉。

6.4　马宾灵的体外表达研究

野生的植物甜蛋白资源极为有限，从原生植物中提取甜蛋白的工艺较为复杂，成本较高。基因工程技术的飞速发展，使得利用现代生物技术方法研究和生产甜蛋白成为可能，积极研究利用转基因生物反应器生产植物甜蛋白一直都是研究的热点。1998 年，Kohmura 和 Ariyoshi 等首先开始了人工合成马宾灵的探索，但人工合成物成本高、副产物混杂、纯化困难。随后利用植物基因工程开发马宾灵的报道增多，刘敬梅等于 2001 年将全长马宾灵基因转入莴苣中，李晓东等于 2004 年将全长马宾灵基因转入番茄中，但由于所导入的全长基因形成的前体蛋白需要翻译后加工才能产生活性，所以到目前为止均未见有成功表达且具有甜味活性的报道。

多年来，本研究团队一直从事马宾灵基因（*Mabinlin* II）表达的系统研究。1998 年分离克隆了全长马宾灵的基因，同时在马槟榔植物种子中还分离了一个特异调控该基因表达的启动子，之后通过不同剪切方式对马宾灵基因进行重组，然后导入拟南芥中，研究 *Mabinlin* II 重组基因在植物中的表达方式。

6.4.1　马宾灵在拟南芥中的表达

根据对所克隆的 *Mabinlin* II 基因分析发现，该基因没有内含子且编码一个含 155 个氨基酸残基的前体蛋白。但成熟的马宾灵却是一个依靠二硫键将 A 链和 B 链相连，共含 105 个氨基酸残基的蛋白质。因此可以推断该基因所编码的 155 个氨基酸残基的前体蛋白在经过自身体内复杂的翻译后剪切过程才能成为成熟的甜蛋白。在本研究中，将所克隆的全长 *Mabinlin* II 基因（片段 MBL）和经过重组的基因（片段 AM 和片段 GM）均导入拟南芥和大肠杆菌中表达。因此可以认为，全长 *Mabinlin* II 基因所表达的蛋白 MBL 是马宾灵的前体蛋白，重组的基因片段 AM 是经过连接肽剪切后的单链前体，重组的基因片段 GM 是仅含 A 链和 B 链的单链成熟蛋白质。本研究分别以 35S 组成型启动子和 Pm 马槟榔种子特异性启动子为植物表达载体的启动子，将经过序列测定正确的片段 MBL、AM、GM 导入植物表达载体中，共构建了 6 个 pVKH 植物表达载体。分别命名为 pVKH-35S-MBL、pVKH-Pm-MBL、pVKH-35S-AM、pVKH-Pm-AM、pVKH-35S-GM、pVKH-Pm-GM。通过电击转化法转入农杆菌 GV3101 后，利用真空抽滤法转入拟南芥。经过 3 轮抗性筛选后获得纯合的转基因拟南芥

（图 6-4）。

图 6-4 转基因抗性植株的获得过程
A. 待转基因的拟南芥植株；B. 通过花药侵染法对拟南芥进行转化；
C. 对 T1 代转基因植株进行筛选；D. 鉴定并得到纯合的转基因拟南芥

　　用 CTAB 法提取转基因拟南芥的总 DNA，以片段 MBL、AM 和 GM 相应的引物对分别进行 PCR 检测，结果都扩增到了目的条带（图 6-5）。说明外源基因片段都分别插入到被检样品植株的染色体 DNA 上。证明 *Mabinlin II* 基因及其重组基因均已整合到拟南芥的基因组中。

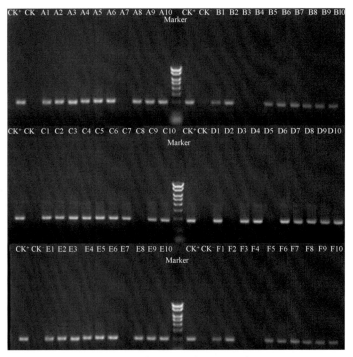

图 6-5 转基因拟南芥的 PCR 鉴定

　　提取纯合的转基因拟南芥小苗及种子的总 RNA。所提取的转基因拟南芥小苗及种子的总 RNA 均用试剂盒反转录成 cDNA 后，利用 RT-PCR 的方法检测

Mabinlin II 基因在转基因拟南芥中的表达。电泳结果显示，以 35S 为启动子的转基因拟南芥中，*MBL*、*AM* 和 *GM* 基因在小苗和种子中均有表达，但在种子中的表达量略弱于在小苗中的表达量；以 Pm 为启动子的转基因拟南芥中，*MBL*、*AM* 和 *GM* 基因在小苗中表达量较低，但在种子中的表达量略高（图 6-6）。

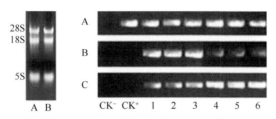

图 6-6　转基因拟南芥的 RT-PCR 鉴定

A. Actin 基因的检测；B. 转基因拟南芥中的基因表达；C. 转基因拟南芥种子中的基因表达；

1~6. 转基因拟南芥；CK⁻. 空白载体；CK⁺. 带 Mabinlin 载体

　　按照 TCA 法提取转基因拟南芥的全细胞总蛋白，用蛋白溶解液对总蛋白进行溶解后，取出 20 μL 上清液测定其蛋白质浓度计算上样量，根据所测的蛋白质样品浓度，取各型转基因及野生型拟南芥的总蛋白样品调整为一致的上样量，进行 SDS-PAGE 电泳分析。据相关资料指出，马宾灵为可溶性蛋白；在有 SDS 的存在条件下，A 链和 B 链会分离，成为两条单独的肽链。但 SDS-PAGE 电泳结果显示，各型转基因拟南芥的总蛋白与野生型拟南芥的总蛋白条带一致，不存在多余的目的条带（图 6-7）。

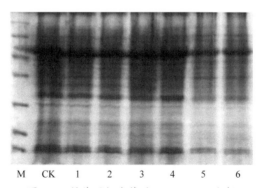

图 6-7　转基因拟南芥的 SDS-PAGE 分析

M. 蛋白质分子质量标准；1~6. 转基因拟南芥全细胞蛋白；CK. 野生型拟南芥全细胞蛋白

　　根据双盲试验原则，在测试者不知所尝样品类型的情况下，分别对转基因拟南芥和野生型拟南芥样品进行 10 人次以上的甜味检测，设置 0%、2%、5%、8% 的蔗糖浓度梯度为对照。测试结果显示，多数测试者认为转基因拟南芥和野生型拟南芥的甜度接近于 2% 浓度的蔗糖甜度，但同时又认为野生型拟南芥与转基因拟南芥甜味差异不大。出现该结果可能是拟南芥自身具有一定的甜味，而转基因拟南芥的甜味跟野生型无差异，因此可以说明转基因拟南芥的甜味品质没有得到改善，没有得到表达有甜味活性的转基因拟南芥。

6.4.2 马宾灵在大肠杆菌中的表达

分别构建了含有 pET30a-MBL、pET30a-AM 和 pET30a-GM 质粒的重组 BL21（DE3）工程菌。重组质粒 pET30a-MBL 工程菌诱导后在约 26 kDa 处出

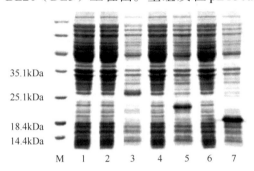

现一条主带，pET30a-AM 工程菌诱导后在约 23 kDa 处出现一条主带，pET30a-GM 工程菌诱导后在约 19 kDa 处出现一条主带，三个重组载体转化菌诱导后出现的主带均与预计的产物条带大小相符，而无目的片段插入和插入目的片段但未诱导的菌体均无此产物出现。凝胶成像系统分析表明，目的蛋白分别占菌体总蛋白的 18.8%、20.6% 和 23.9%（图 6-8）。

图 6-8　MBL、AM 和 GM 在大肠杆菌中诱导表达的 SDS-PAGE 分析

分别对 pET30a-MBL、pET30a-AM 和 pET30a-GM 的工程菌进行诱导，将经过处理的上清液和沉淀分别进行 SDS-PAGE 电泳分析，结果表明目的蛋白存在于沉淀中（图 6-9）。三株工程菌表达的重组马宾灵均是以包涵体的形式存在。

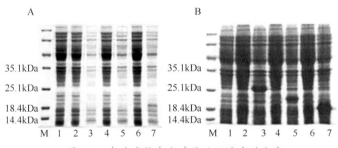

图 6-9　表达产物在上清液及沉淀中的分布

A. 表达产物在上清中的分布；B. 表达产物在沉淀中的分布

分别对转化 pET30a-MBL、pET30a-AM 和 pET30a-GM 的工程菌进行诱导条件的优化，结果表明三株工程菌的最佳诱导条件基本相同，不存在明显差异。通过对目的蛋白诱导表达条件的优化，发现在 IPTG 终浓度为 1.4 mmol/L 时，37℃诱导 5 h，重组蛋白的表达量最高，获得了高水平的表达（图 6-10）。

目前我们已经通过筛选确定了目的蛋白包涵体的最佳变性与复性条件，成功

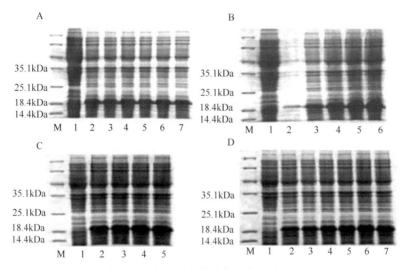

图 6-10 重组蛋白最适表达条件的优化
A. 最佳 IPTG 浓度的确定；B. 最佳诱导起始生长量的确定；
C. 最佳诱导温度的确定；D. 最佳诱导时间的确定

获得了复性的重组马宾灵，相关的重组马宾灵的活性鉴定正在进行之中。

6.4.3 马宾灵体外表达的分析

外源基因在转基因植物中表达较困难是一个普遍存在而又亟待解决的问题。在本研究中，*Mabinlin II* 及其重组基因在拟南芥的转录水平上有所表达，但由于翻译系统的不同，无法在蛋白质水平上进行翻译后加工过程，进而没能得到有甜味活性的产物。但通过在原核表达系统中的研究发现，重组马宾灵能在大肠杆菌中高效表达。在此基础上进一步分离和纯化重组马宾灵应为本研究的下一方向。

6.4.3.1 马宾灵在拟南芥中表达的分析

拟南芥作为模式植物在遗传学和分子生物学研究中应用广泛。在本研究中，选择拟南芥作为转基因的受体具有生长快速、遗传稳定的优点。通过 T1 代抗性苗的筛选，T2 代 3∶1 的抗性比筛选和 T3 代 1∶0 的抗性比筛选，获得了纯合的单拷贝基因的转基因拟南芥。在下一步的转基因拟南芥的 PCR 检测中，均能检测出目的条带，说明 *Mabinlin II* 基因及其重组基因成功插入到转基因拟南芥的基因组 DNA 中。这表明本研究在拟南芥中探寻 *Mabinlin II* 基因及其重组基因表达的实验设计顺利完成。

本研究利用 RT-PCR 检测方法在转录水平上验证了所转入的 *Mabinlin II* 基因及其重组基因的表达，但在 SDS-PAGE 电泳检测中却没有发现目的蛋白条带，这说明 *Mabinlin II* 基因及其重组基因在拟南芥中在分子水平上有所表达，但可能由于缺乏相应的翻译后剪切系统导致所表达的目的蛋白无法正确剪切折叠为成熟蛋白质，被拟南芥体内的蛋白酶所消化。

在转基因甜蛋白的研究中，关于转基因产物的甜味活性检测方法目前尚没有定论。一般而言，由于缺乏检测甜味的仪器，目前用来检测甜味的方法只有通过人们的主观评价来确定。在本实验中的甜味检测按照双盲原则设计，这样就避免了人为主观意识的干扰；同时设置一定的蔗糖浓度梯度作为甜味对比，将野生型拟南芥作为对照，这样就尽可能减少了主观判断的失误。另外通过多人次对每一个样品进行重复检测，这样获得的统计结果经分析后将更为可靠。

根据实验的设计，将甜味检测的样品分为两种形式：一种是直接取小苗品尝；另一种则是将转基因拟南芥的种子研磨后加水混合离心取上清液品尝。根据对每个样品进行 10 人次以上的甜味检测，统计结果显示，用直接取小苗品尝的方式，多数测试者认为转基因拟南芥的甜度在 0% 和 2% 的蔗糖甜度之间，但同时也认为不仅转基因拟南芥的品种间无甜味差异，而且转基因拟南芥与野生型拟南芥之间也无甜味差异；用品尝上清液的方式，多数测试者认为转基因拟南芥和野生型拟南芥均没有甜。这说明在前一种品尝方式中，大多数测试者所认为的甜味仅仅是拟南芥的本底甜味，而在后一种品尝方式中，由于上清液中其他杂质过多导致味道较涩，大多数测试者自然就无法品尝出甜味。因此甜味检测结果显示，在转基因拟南芥中不存在甜味品质的改变，这样甜味检测的结果也与 SDS-PAGE 电泳的结果相符。

6.4.3.2 重组马宾灵的甜味活性分析

利用生物信息学的方法对重组马宾灵 MBL、AM 和 GM 加以分析。结果发现重组蛋白 AM 和 GM 的理论等电点较高，重组蛋白 MBL、AM 和 GM 的疏水性氨基酸比率均较高，据相关研究报道，甜味蛋白具有很高的等电点，通常都是具有疏水性的部位的碱性蛋白质。这说明重组蛋白 MBL、AM 和 GM 都初步符合呈现甜味蛋白的特点。另外通过对重组蛋白 MBL、AM 和 GM 的蛋白质三级结构建模显示，MBL、AM 和 GM 均呈现一种"V"形结构，这种结构与成熟马宾灵的三级结构较为相似。将成熟马宾灵的结构与其他蛋白质对比发现，其结构与胰岛素的结构类似，均为由非共价键相连的双链蛋白形式。马宾灵的前体蛋白与前胰岛素是否一样具有生物活性是一个极有价值的思考，初步的生物信息学结果显示本研究中所表达的重组马宾灵可能是具有甜味的蛋白质。

6.4.3.3 马宾灵的转基因有效表达形式的分析

目前对甜味蛋白的转基因研究较为活跃，已经在植物、真核酵母和原核大肠杆菌的表达系统中成功表达了多种甜味蛋白，并且得到了有甜味活性的产物。由于马宾灵的结构较特殊，目前还没有得到具有甜味的基因表达产物。寻找马宾灵的有效表达方式，实现利用基因工程将马宾灵进行大规模表达，并且得到有甜味活性的产物是本研究的最根本目的。

　　参考其他甜味蛋白的转基因表达方式及最新的研究发现，若尝试原核的表达方式，可参考人工胰岛素的表达模式，先分别表达马宾灵的 A 链和 B 链，然后考虑在一定条件下让 A 链和 B 链自由折叠成为成熟的甜蛋白；另外也可以尝试表达马宾灵的前体蛋白和单链马宾灵，根据生物信息学的相关分析及其他甜蛋白的转基因表达方式，这类重组的马宾灵也有望是具有甜味活性的蛋白质。若选择植物的表达系统，则可以选择构建双价表达载体的方式，可以尝试"启动子＋信号肽＋A 链＋启动子＋信号肽＋B 链"和"启动子＋A 链＋启动子＋B 链"的表达形式，启动子可以选用 Pm 启动子等特异启动子或 35S 启动子等组成型启动子，以选用相同的启动子为宜。另外，在真核表达系统酵母中也可以尝试以"信号肽＋A 链＋蛋白酶切位点＋B 链"的重组基因表达形式，利用酵母体内自带的蛋白酶使 A 链与 B 链分开，自由折叠成天然的马宾灵，同时也可以利用酵母表达载体上的不同信号肽实现甜蛋白在酵母中的分泌型表达或胞内表达形式。

　　在对马宾灵的转基因研究中也可以考虑增强体外基因表达的设计。在大肠杆菌中表达的甜蛋白基因应根据大肠杆菌密码子的偏爱性进行重新设计，在酵母中甜蛋白基因也应该根据酵母密码子的偏爱性进行重新设计。另外也可尝试不同的表达载体系统，表达宿主菌和诱导启动子等，以获得最佳的表达量，同时也可尝试不同的诱导物（如乳糖、色氨酸、甲醇等），为后期大规模放大表达甜蛋白打下基础。

第 **7** 章 *Mabinlin* II 的克隆及表达

在研究 *Mabinlin* II 的基础上，随着分子生物学技术的不断发展，我们对 *Mabinlin* II 基因的 cDNA 序列进行了研究。

7.1 *Mabinlin* II 基因的克隆及其序列分析

7.1.1 *Mabinlin* II 基因克隆及序列测定

7.1.1.1 RT-PCR 扩增 *Mabinlin* II 基因

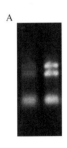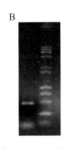

图 7-1 马槟榔种仁总 RNA（A）与 *Mabinlin* II 基因的 PCR 扩增（B）

取存于 −70 ℃冰箱的马槟榔果实用刀劈开，小心取出种子、剥去种皮，用 CTAB 法提取种仁总 RNA，所提 RNA 完整、无降解，用 AMV 反转录试剂盒反转录合成 cDNA 第一链。根据 GenBank 中 *Mabinlin* II 基因的 cDNA 序列设计引物 pM3、pM4[pM3（27nt）：ggatctagaatggcgaagctcatcttc；pM4（23nt）：ctagggccatgttctgaatgggc]，以反转录产物为模板进行 PCR 扩增（图 7-1）。扩增产物用 1% 琼脂糖凝胶电泳检测，在凝胶成像系统中照相，结果 PCR 产物为 500 bp 左右的特异条带，与文献报道的大小相符。

7.1.1.2 *Mabinlin* II 基因序列的测定及分析

将克隆的 *Mabinlin* II 基因序列登录 NCBI 进行 Blast 分析，结果发现该序列与 GenBank 中 *Capparis masaikai* 的 *Mabinlin* II 基因的 cDNA 序列同源性为 99%，含有一个开放阅读框架（ORF），编码序列 468 bp，编码 155 个氨基酸，氨基酸序列同源性 98%，说明已经克隆到马槟榔种子甜蛋白基因的 cDNA 序列，将该序列命名为 *MBL* II，其序列比对情况如图 7-2 所示。

```
1    M  A  K  L  I  F  L  F  A  T  L  A  L  F  V  L  L  A  N  A
1    ATGGCGAAGCTCATCTTCCTCTTCGCGACCTTGGCTCTCTTCGTTCTCCTAGCGAACGCC   60
26   .............................................................   85
1    M  A  K  L  I  F  L  F  A  T  L  A  L  F  V  L  L  A  N  A

21   S  I  Q  T  T  V  V  E  V  D  E  E  E  D  N  Q  L  W  R  C
61   TCCATCCAGACCACCGTTGTCGAGGTCGATGAAGAAGAAGACAACCAACTGTGGAGATGT   120
86   ....................A........................................   145
21   S  I  Q  T  T  V  I  E  V  D  E  E  E  D  N  Q  L  W  R  C

41   Q  R  Q  F  L  Q  H  Q  R  L  R  A  C  Q  R  F  I  H  R  R
121  CAGAGGCAGTTCCTGCAGCACCAGCGACTCCGGGCTTGCCAGCGGTTCATCCACCGACGA   180
146  .............................................................   205
41   Q  R  Q  F  L  Q  H  Q  R  L  R  A  C  Q  R  F  I  H  R  R

61   A  Q  F  G  G  Q  P  D  E  L  E  D  E  V  E  D  D  N  D  D
181  GCCCAGTTCGGCGGACAGCCCGATGAGCTTGAAGACGAAGTCGAGGACGACAACGATGAC   240
206  .............................................................   265
61   A  Q  F  G  G  Q  P  D  E  L  E  D  E  V  E  D  D  N  D  D

81   E  N  Q  P  R  R  P  A  L  R  Q  C  C  N  H  L  R  Q  V  D
241  GAAAACCAGCCAAGGCGACCGGCGCTCAGACAATGCTGCAACCATCTGCGTCAAGTGGAC   300
266  ......................................G......................   325
81   E  N  Q  P  R  R  P  A  L  R  Q  C  C  N  Q  L  R  Q  V  D

101  R  P  C  V  C  P  V  L  R  Q  A  A  Q  Q  V  L  Q  R  Q  I
301  AGACCTTGTGTTTGCCCTGTCCTCAGACAAGCTGCCCAGCAGGTGCTCCAGCGACAAATA   360
326  ......................................................A......   385
101  R  P  C  V  C  P  V  L  R  Q  A  A  Q  Q  V  L  Q  R  Q  I

121  I  Q  G  P  Q  Q  L  R  R  L  F  D  A  A  R  N  L  P  N  I
361  ATCCAGGGTCCACAGCAGTTGAGGCGTCTCTTCGATGCCGCAAGAAATTTGCCCAACATC   420
386  .............................................................   445
121  I  Q  G  P  Q  Q  L  R  R  L  F  D  A  A  R  N  L  P  N  I

141  C  N  I  P  N  I  G  A  C  P  F  R  T  W  P  *
421  TGCAACATACCCAACATCGGAGCTTGCCCATTCAGAACATGGCCCTAG   468
446  ...................A............................   493
141  C  N  I  P  N  I  G  T  C  P  F  R  T  W  P
```

图 7-2 *Mabinlin II* 基因 cDNA 序列的 Blast 分析结果

7.1.1.3 *Mabinlin II* 基因内含子分析

为了探明 *Mabinlin II* 基因的内含子情况，以马槟榔基因组 DNA 为模板进行了基因克隆并测序，登录美国圣地亚哥计算机中心 SDSC 网站，用 Biology WorkBench 3.2 软件将其与之前已克隆的 cDNA 序列进行比对，结果（图 7-3）表明，该基因不含有内含子，二者仅在 285 bp 和 399 bp 处各有 1 个碱基的差异，可能是克隆或测序过程的误差所致。其中 399 bp 处的 gct 和 gcc 是丙氨酸的简并密码子，有趣的是，285 bp 处的碱基正好与 Genbank 中 *Mabinlin II* 的 cDNA（图 7-2）也有差异，本研究所测的基因序列此处是谷氨酰胺（caa），与 Genbank 的 cDNA 序列中相应的氨基酸相同（cag），看来可能是本研究所测的 cDNA 序列（此处为 cat，组氨酸）有误。

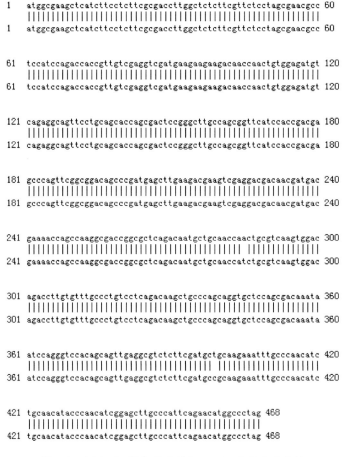

```
  1  atggcgaagctcatcttcctcttcgcgaccttggctctcttcgttctcctagcgaacgcc  60
     ||||||||||||||||||||||||||||||||||||||||||||||||||||||||||||
  1  atggcgaagctcatcttcctcttcgcgaccttggctctcttcgttctcctagcgaacgcc  60

 61  tccatccagaccaccgttgtcgaggtcgatgaagaagaagacaaccaactgtggagatgt  120
     ||||||||||||||||||||||||||||||||||||||||||||||||||||||||||||
 61  tccatccagaccaccgttgtcgaggtcgatgaagaagaagacaaccaactgtggagatgt  120

121  cagaggcagttcctgcagcaccagcgactccgggcttgccagcggttcatccaccgacga  180
     ||||||||||||||||||||||||||||||||||||||||||||||||||||||||||||
121  cagaggcagttcctgcagcaccagcgactccgggcttgccagcggttcatccaccgacga  180

181  gcccagttcggcggacagcccgatgagcttgaagacgaagtcgaggacgacaacgatgac  240
     ||||||||||||||||||||||||||||||||||||||||||||||||||||||||||||
181  gcccagttcggcggacagcccgatgagcttgaagacgaagtcgaggacgacaacgatgac  240

241  gaaaaccagccaaggcgaccggcgctcagacaatgctgcaaccaactgcgtcaagtggac  300
     |||||||||||||||||||||||||||||||||||||||||| ||||||||||||||||||
241  gaaaaccagccaaggcgaccggcgctcagacaatgctgcaaccatctgcgtcaagtggac  300

301  agaccttgtgtttgccctgtcctcagacaagctgcccagcaggtgctccagcgacaaata  360
     ||||||||||||||||||||||||||||||||||||||||||||||||||||||||||||
301  agaccttgtgtttgccctgtcctcagacaagctgcccagcaggtgctccagcgacaaata  360

361  atccagggtccacagcagttgaggcgtctcttcgatgctgcaagaaatttgcccaacatc  420
     ||||||||||||||||||||||||||||||||||||||||| ||||||||||||||||||
361  atccagggtccacagcagttgaggcgtctcttcgatgccgcaagaaatttgcccaacatc  420

421  tgcaacatacccaacatcggagcttgcccattcagaacatggccctag  468
     ||||||||||||||||||||||||||||||||||||||||||||||||
421  tgcaacatacccaacatcggagcttgcccattcagaacatggccctag  468
```

图 7-3　*Mabinlin* II 基因序列与 cDNA 序列比对分析

7.1.2　*Mabinlin* II 基因在马槟榔各器官组织中的表达分析

迄今所有关于马宾灵的研究报道主要涉及其甜味活性、机理和种子贮藏蛋白质的功能、特性、基因序列及其对果蔬植物的遗传转化等方面，至今未见马宾灵在马槟榔植物其他器官组织的表达情况报道。胡忠等（1986）认为马宾灵是马槟榔种子的主要、甚至是唯一的贮藏蛋白。本研究为了验证 *Mabinlin* II 基因表达的组织特异性，用 RT-PCR 方法在基因转录水平测定了 *Mabinlin* II 基因在马槟榔植物不同组织中的表达情况。对植物的根、茎、叶、果和种子（种仁）分别采样提取总 RNA（图 7-4），并以 *act1* 基因作为内对照，以 *act1* 基因和 *Mabinlin* II 基因的 2 对引物同时对每个组织的 RNA 模板进行 RT-PCR。

肌动蛋白（actin）是植物细胞的骨架成分，因此 *act1* 基因是植物组织中恒定表达的看家基因（house-keeping gene），利用看家基因的组成型表达特性，在不同样品的同一个反应体系中同时对看家基因和目的基因进行 PCR 扩增，*act1* 可作为内部参照对整个反应体系产物的生成量进行监控，通过目的基因与内对照基因表达量的比较，可消除不同样品之间上样量不同所带来的误差，以此可知目的基因的相对表达情况。不同组织的 RT-PCR 结果（图 7-5）表明，在上样量基本一致的情况下，只有种仁的模板能扩增到 500 bp 左右的条带，说明 *Mabinlin II* 基因在马槟榔的根、茎、叶、果中不表达，只在马槟榔的种仁中特异性表达。

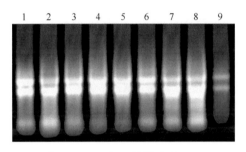
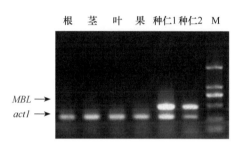

图 7-4　不同组织材料的总 RNA　　　　　　图 7-5　*Mabinlin II* 基因 RT-PCR 分析
1. 根；2、3. 茎；4、5. 叶；6、7. 果；8、9. 种子　　　　　　　M. DL2000

马宾灵的 cDNA 序列长 468 bp，编码 155 个氨基酸，形成一种前体蛋白（prepromabinlin）。成熟的马宾灵由 A、B 二条多肽链非共价紧密连接在一起，A 链位于蛋白前体第 36～68 位，含 33 个氨基酸，B 链位于第 83～154 位，含 72 个氨基酸。蛋白前体 N- 末端由一个 20 个氨基酸组成的信号肽（Met1～Ala20）和一个 15 个氨基酸组成的 N- 端延伸肽（Ser21～Asn35）组成，A、B 链之间有一个 14 个氨基酸组成的连接肽（Glu69～Asn82），白前体的 C- 末端由一个 Pro（第 155 位）残基组成 C- 端延伸；在前体蛋白的翻译后加工过程中这些信号肽、N- 端延伸肽、连接肽和 C- 端延伸都被剪切掉，留下 A、B 二链形成成熟的马宾灵。

7.2　*Mabinlin II* 基因启动子的分离

Mabinlin II 基因是编码马槟榔种子主要贮藏蛋白马宾灵的基因，在初步确定其只在种子中特异表达后，本研究推测基因的调控序列可能具有某些组织特异性和 / 或增强子的特征，故着重深入研究其启动子等调控序列元件及其功能，以获得完整的 *Mabinlin II* 基因及其调控序列，为马宾灵的系列开发研究奠定基础；同时，获得具有自主知识产权的种子特异性表达启动子，对改良种子作物品质及建立种子特异表达体系都具有十分重要的意义。

7.2.1 马槟榔基因组 DNA 提取及限制性内切酶消化

用 CTAB 法提取马槟榔叶片总 DNA，按照 Universal GenomeWalkerTM Kit 的要求，用 4 种平末端限制性内切酶对基因组 DNA 进行消化，结果 *Dra* I 、 *EcoR* V 能将马槟榔的基因组 DNA 完全酶切，而 *Pvu* II 、 *Stu* I 酶切不完全或不能切开（图 7-6）。

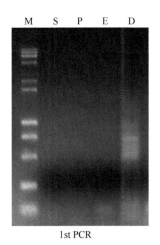

图 7-6 马槟榔基因组 DNA 酶切消化

S. *Stu* I ; P. *Pvu* II ; E. *EcoR* V ; D. *Dra* I

7.2.2 *Mabinlin* II 基因 5′ 上游区扩增及序列测定

7.2.2.1 巢式 PCR 扩增 *Mabinlin* II 基因 5′ 上游序列

Mabinlin II 基因组 DNA 的酶切产物经纯化后与 GenomeWalker 接头连接，以构建 GenomeWalker 文库。用根据 *Mabinlin* II 基因序列设计的特异引物（pM1、pM2）和试剂盒提供的接头引物（AP1、AP2），引物序列如下。

PM1：acctcgataacggtggtctggatgga

PM2：ggtctggatggaggcgttcgctagga

AP1：gtaatacgactcactatagggc

AP2：actatagggcacgcgtggt

分别以 4 个 GenomeWalker 文库为模板，经过两轮巢式 PCR 反应，发现经第一轮 PCR 扩增后，泳道上弥散或没有明显条带的，再经过第二轮扩增反应后，出现了特异条带（图 7-7）。回收 *Dra* I 文库的

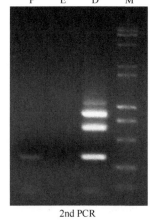

1st PCR　　　　　2nd PCR

图 7-7 4 个 GenomeWalker 文库 2 轮巢式 PCR 扩增结果

M. DL2000＋15000；S. *Stu* I 文库；P. *Pvu* II 文库；E. *EcoR* V 文库；D. *Dra* I 文库

D-350、D-650、D-850、D-1100 4 条特异条带和 *Pvu* II 文库的 P-350 的一条特异条带，测序后发现 *Dra* I 文库前 3 条带的序列长分别为 337 bp、672 bp、885 bp。

7.2.2.2　测序结果分析

用 DNAssist 2.0 软件对所测序列进行比对、分析，发现 3 个片段的序列两端都分别能找到接头引物和基因特异引物，而且前两个片段都能在最长片段中找到 3′ 端一致的同源区域（序列比对结果略），说明这 3 个片段都是 *Mabinlin II* 基因上游的特异目的片段，将克隆有该 885 bp 的重组质粒命名为 pMD-Q44。该片段去掉接头引物后长 851 bp，其 3′ 端长 72 bp 的序列与本研究已克隆到的 *Mabinlin II* 基因序列同源性 100%，这表明已成功克隆到 *Mabinlin II* 基因 5′ 上游区启动子序列，启动子长度 779 bp，将该启动子片段命名为 MBL-P779。

登录 NCBI 对该 851 bp 的序列进行 Blast 比对，发现其 3′ 端有 96 bp 的序列与 GenBank、EMBL、DDBJ 和 PDB 等数据库中 *Capparis masaikai* 的 *Mabinlin II* 基因的 cDNA 序列 5′ 端同源性 98%，而其余 755 bp 长的序列，在数据库中没有找到序列同源信息（图 7-8）。而且在翻译起始密码子 AUG 的旁侧序列是 CAATGGC，与 AUG 旁侧的保守序列 AACAATGGC 一致。表明分离到的 *Mabinlin II* 基因启动子序列是一个未经报道的新启动子。

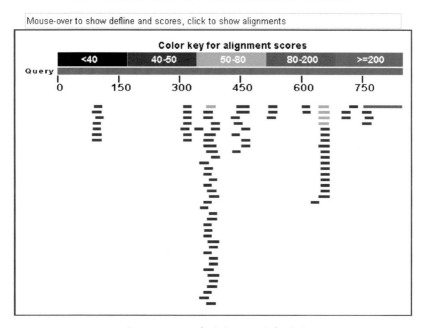

图 7-8　851bp 序列的 Blast 分析结果

```
1                                M A K L I F L F A T L A
755  CACACACTCACCCAAAACCTTAGCAATGGCGAAGCTCATCTTCCTCTTCGCGACCTTGGC  814
1    ..........................C...............................  60
1                                M A K L I F L F A T L A

13     L F V L L A N A S I Q T
815  TCTCTTCGTTCTCCTAGCGAACGCCTCCATCCAGACC  851
61   .....................................  97
13     L F V L L A N A S I Q T
```

图 7-8　851bp 序列的 Blast 分析结果（续）

7.2.2.3　MBL-P779 序列酶切谱分析

为了探索 *Dra*I 酶切马槟榔基因组 DNA 所构建的文库能扩增出多个条带的原因，登录 SDSC 用 Biology WorkBench 3.2 软件对 MBL-P779 进行酶切位点分析，结果（图 7-9）发现该 779 bp 长的启动子片段中有 7 个 *Dra*I 的酶切位点，这印证了 *Dra*I 文库扩增出多条带的事实。

```
== Total Number of Hits per Enzyme:
```

AccI	1	BstKTI	5	HphI	3	PpiI	1
AciI	3	BstYI	2	Hpy8I	1	PpuMI	1
AclI	2	BstZ17I	1	HpyCH4IV	3	PsiI	1
AflIII	1	CviAII	2	HpyCH4V	3	Sau96I	1
AlfI	1	CviJI	1	MaeIII	3	SspI	1
AlwI	2	DdeI	1	MboI	5	TaiI	3
ApoI	7	DpnI	5	MboII	1	TaqI	4
AvaII	1	DraI	6	MlyI	1	TaqII	2
BclI	1	EarI	1	MmeI	1	TfiI	1
BfaI	1	Eco0109I	1	MnlI	5	TsoI	1
BglII	1	FalI	2	MseI	11	Tsp45I	1
BmgT120I	1	FatI	2	MwoI	1	Tsp509I	16
Bpu10I	1	FauI	1	NlaIII	2	TspDTI	3
BsaAI	1	Hin4I	1	PleI	1		
BsmAI	1	Hin4I	1	PmlI	1		
BsmFI	1	HinfI	2	PpiI	1		

图 7-9　MBL-P779 启动子酶切位点分析

7.2.2.4　*Mabinlin* II 基因 5′ 上游更长调控区域克隆

为了获得 *Mabinlin* II 基因 5′ 上游更长的调控序列以便对基因的表达调控进行深入研究，在已测序的启动子序列中再设计 2 个特异引物 pM1b 和 pM2b，并重新酶切、建库（以尽量对基因组 DNA 完全酶切），同时改变扩增条件继续对 *Stu*I、*Pvu*II 和 *Eco*RV 等 3 个文库进行 PCR 扩增，两轮 PCR 扩增后在 3 个文库中都扩增出特异条带，如图 7-10 所示。一共回收了 5 个片段进行克隆、测序，结果所有片段两端都找到同一个引物——接头引物 AP2，而找不到基因特异引物 pM2b，说明上述条带都是由 AP2 单引物扩增来的。

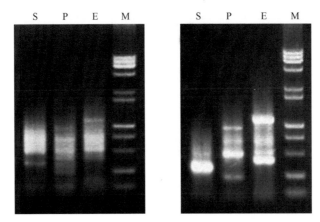

图 7-10 3 个 GenomeWalker 文库再次 2 轮巢式 PCR 扩增结果

S. *Stu*I 文库；P. *Pvu*II 文库；E. *Eco*RV 文库

究其原因：①由于设计的基因特异引物 pM1b、pM2b 处于启动子序列之中，其（G+C）% 值太低（40%），而且引物内部形成发夹结构和引物之间形成二聚体的可能性也较大；② PCR 条件不甚合理。看来，要获得基因 5' 上游更长的调控序列，最好还是从基因内设计特异引物、以 GenomeWalker 的方法扩增更长的序列，可行的方案之一就是选用另外的限制性内切酶重新酶切、连接建库、扩增；另外，选择效率更高、能进行更长片段扩增的 DNA 聚合酶也很关键。

7.2.3 *Mabinlin II* 基因启动子序列分析

7.2.3.1 核心启动子区域和转录起始位点预测

登录 BDGP 用 Neural Network Promoter Prediction 软件对启动子序列 MBL-P779 进行核心启动子区域和转录起始位点的预测，结果在 677～727 bp、220～270 bp 两处存在核心启动子区域（核心区域 I 和核心区域 II），其 cutoff 分值分别为 0.99 和 0.93，预测的转录起始位点都是 A，TATA-box 分别位于转录起始位点的 −32 bp 和 −30 bp 处（图 7-11）。TATA-box 是 RNA 聚合酶 II 识别的位点，也是一些反式作用因子与 DNA 相互作用的位点之一，TATA-box 与转录起始位点之间的碱基长度是转录精确起始的必需因素，植物基因启动子的 TATA-box 多在转录起始位点上游 −25 bp～−35 bp 处。该序列的核心启动子 I 的转录起始位点位于翻译起始密码子（AUG）的 −63 bp 处，同样符合高等植物基因转录起始位点位于翻译起始密码子上游的 −40 bp～−70 bp 处的规律。以下启动子的缺失表达载体的构建策略就是以核心启动子 I 的分析结果为依据。

```
Promoter predictions for 1 eukaryotic sequence with

score cutoff 0.90 (transcription start shown in larger font):

Promoter predictions for MBL-P779 :

  Start   End   Score              Promoter Sequence
   220    270   0.93    TTGATCCACATATAAAATAAACCCGATAGAAAATTTATTTATACAGGTAT

   677    727   0.99    AACGTTCGTATAAATATACCCACCAAATAATCCCCTCGTCACCTCACTCA
```

图 7-11　核心启动子区域及转录起始位点预测（NNPP 软件分析结果）

7.2.3.2　*Mabinlin Ⅱ* 基因启动子顺式作用元件分析

Mabinlin Ⅱ 基因的启动子 MBL-P779 富含 AT，其（A+T）% 值为 71.3%。登录 PLACE 数据库进行顺式作用元件分析，发现该序列存在包括 TATA-box、CAAT-box、PolyA -signal 在内的多种植物基因启动子的顺式作用元件（图 7-12）。

```
RESULTS OF YOUR SIGNAL SCAN SEARCH REQUEST

../../tmp/sigscan//signalseqdone.15781:  779 base pairs
Signal Database File: user.dat

     Factor or Site Name           Loc.(Str.)        Signal Sequence       SITE #
-------------------------------------------------------------------------------------
 -10PEHVPSBD              site   644 (+)  TATTCT                         S000392
 -300ELEMENT             site   665 (+)  TGHAAARK                        S000122
 ABRELATERD1             site   653 (+)  ACGTG                           S000414
 ABRELATERD1             site   652 (-)  ACGTG                           S000414
 ACGTATERD1              site   548 (+)  ACGT                            S000415
 ACGTATERD1              site   653 (+)  ACGT                            S000415
 ACGTATERD1              site   678 (+)  ACGT                            S000415
 ACGTATERD1              site   548 (-)  ACGT                            S000415
 ACGTATERD1              site   653 (-)  ACGT                            S000415
 ACGTATERD1              site   678 (-)  ACGT                            S000415
 ACGTTBOX                site   547 (+)  AACGTT                          S000132
 ACGTTBOX                site   677 (+)  AACGTT                          S000132
 ACGTTBOX                site   547 (-)  AACGTT                          S000132
 ACGTTBOX                site   677 (-)  AACGTT                          S000132
 AGMOTIFNTMYB2           site   211 (+)  AGATCCAA                        S000444
 ANAERO3CONSENSUS        site   724 (+)  TCATCAC                         S000479
 ARFAT                   site   573 (+)  TGTCTC                          S000270
 ARR1AT                  site   298 (-)  NGATT                           S000454
 ARR1AT                  site   350 (-)  NGATT                           S000454
 ARR1AT                  site   398 (-)  NGATT                           S000454
 ARR1AT                  site   467 (-)  NGATT                           S000454
 ARR1AT                  site   632 (-)  NGATT                           S000454
 ARR1AT                  site   705 (-)  NGATT                           S000454
 ASF1MOTIFCAMV           site   713 (-)  TGACG                           S000024
 AUXREPSIAA4             site    84 (-)  KGTCCCAT                        S000026
 BOXIINTPATPB            site   245 (+)  ATAGAA                          S000296
 BOXIINTPATPB            site   380 (+)  ATAGAA                          S000296
```

图 7-12　*Mabinlin Ⅱ* 基因启动子顺式作用元件 PLACE 分析

CAATBOX1	site	275	(+)	CAAT	S000028
CAATBOX1	site	297	(+)	CAAT	S000028
CAATBOX1	site	361	(+)	CAAT	S000028
CAATBOX1	site	455	(+)	CAAT	S000028
CAATBOX1	site	597	(-)	CAAT	S000028
CAATBOX1	site	620	(-)	CAAT	S000028
CACGCAATGMGH3	site	597	(-)	CACGCAAT	S000368
CACGTGMOTIF	site	652	(+)	CACGTG	S000042
CACGTGMOTIF	site	652	(+)	CACGTG	S000042
CACTFTPPCA1	site	67	(+)	YACT	S000449
CACTFTPPCA1	site	721	(+)	YACT	S000449
CACTFTPPCA1	site	759	(+)	YACT	S000449
CACTFTPPCA1	site	52	(-)	YACT	S000449
CACTFTPPCA1	site	330	(-)	YACT	S000449
CACTFTPPCA1	site	430	(-)	YACT	S000449
CACTFTPPCA1	site	495	(-)	YACT	S000449
CARGCW8GAT	site	203	(+)	CWWWWWWWWG	S000431
CARGCW8GAT	site	203	(-)	CWWWWWWWWG	S000431
CCAATBOX1	site	296	(+)	CCAAT	S000030
CIACADIANLELHC	site	216	(+)	CAANNNNATC	S000252
CPBCSPOR	site	742	(-)	TATTAG	S000491
DOFCOREZM	site	50	(+)	AAAG	S000265
DOFCOREZM	site	122	(+)	AAAG	S000265
DOFCOREZM	site	324	(+)	AAAG	S000265
DOFCOREZM	site	346	(+)	AAAG	S000265
DOFCOREZM	site	508	(+)	AAAG	S000265
DOFCOREZM	site	668	(+)	AAAG	S000265
DOFCOREZM	site	69	(-)	AAAG	S000265
DOFCOREZM	site	341	(-)	AAAG	S000265
DOFCOREZM	site	531	(-)	AAAG	S000265
DPBFCOREDCDC3	site	651	(+)	ACACNNG	S000292
EBOXBNNAPA	site	36	(+)	CANNTG	S000144
EBOXBNNAPA	site	652	(+)	CANNTG	S000144
EBOXBNNAPA	site	36	(-)	CANNTG	S000144
EBOXBNNAPA	site	652	(-)	CANNTG	S000144
GAREAT	site	746	(+)	TAACAAR	S000439
GATABOX	site	170	(+)	GATA	S000039
GATABOX	site	244	(+)	GATA	S000039
GATABOX	site	544	(+)	GATA	S000039
GATABOX	site	568	(+)	GATA	S000039
GATABOX	site	200	(-)	GATA	S000039
GT1CONSENSUS	site	248	(+)	GRWAAW	S000198
GT1CONSENSUS	site	568	(+)	GRWAAW	S000198
GT1CONSENSUS	site	106	(-)	GRWAAW	S000198
GT1CONSENSUS	site	42	(-)	GRWAAW	S000198
GT1CONSENSUS	site	198	(-)	GRWAAW	S000198
GT1CONSENSUS	site	538	(-)	GRWAAW	S000198
GT1GMSCAM4	site	42	(-)	GAAAAA	S000453
GT1GMSCAM4	site	538	(-)	GAAAAA	S000453
GTGANTG10	site	655	(+)	GTGA	S000378
GTGANTG10	site	66	(-)	GTGA	S000378
GTGANTG10	site	715	(-)	GTGA	S000378
GTGANTG10	site	720	(-)	GTGA	S000378
GTGANTG10	site	727	(-)	GTGA	S000378
GTGANTG10	site	762	(-)	GTGA	S000378
IBOX	site	170	(+)	GATAAG	S000124
IBOXCORE	site	170	(+)	GATAA	S000199
IBOXCORE	site	544	(+)	GATAA	S000199
IBOXCORE	site	568	(+)	GATAA	S000199
IBOXCORE	site	199	(-)	GATAA	S000199

图 7-12 *Mabinlin II* 基因启动子顺式作用元件 PLACE 分析（续）

IBOXCORENT	site	170	(+)	GATAAGR	S000424
INRNTPSADB	site	273	(+)	YTCANTYY	S000395
INRNTPSADB	site	65	(+)	YTCANTYY	S000395
INRNTPSADB	site	103	(+)	YTCANTYY	S000395
LECPLEACS2	site	388	(+)	TAAAATAT	S000465
MARARS	site	21	(+)	WTTTATRTTTW	S000064
MARARS	site	54	(−)	WTTTATRTTTW	S000064
MARTBOX	site	186	(+)	TTWTWTTWTT	S000067
MARTBOX	site	189	(+)	TTWTWTTWTT	S000067
MARTBOX	site	191	(+)	TTWTWTTWTT	S000067
MARTBOX	site	406	(+)	TTWTWTTWTT	S000067
MYB1AT	site	293	(+)	WAACCA	S000408
MYB1AT	site	332	(−)	WAACCA	S000408
MYBCORE	site	478	(−)	CNGTTR	S000176
MYCCONSENSUSAT	site	36	(+)	CANNTG	S000407
MYCCONSENSUSAT	site	652	(+)	CANNTG	S000407
MYCCONSENSUSAT	site	36	(−)	CANNTG	S000407
MYCCONSENSUSAT	site	652	(−)	CANNTG	S000407
NAPINMOTIFBN	site	625	(+)	TACACAT	S000070
NODCON2GM	site	116	(+)	CTCTT	S000462
NODCON2GM	site	529	(+)	CTCTT	S000462
NTBBF1ARROLB	site	340	(−)	ACTTTA	S000273
NTBBF1ARROLB	site	323	(−)	ACTTTA	S000273
OSE2ROOTNODULE	site	116	(+)	CTCTT	S000468
OSE2ROOTNODULE	site	529	(+)	CTCTT	S000468
POLASIG1	site	235	(+)	AATAAA	S000080
POLASIG1	site	316	(+)	AATAAA	S000080
POLASIG1	site	17	(−)	AATAAA	S000080
POLASIG1	site	185	(−)	AATAAA	S000080
POLASIG1	site	190	(−)	AATAAA	S000080
POLASIG1	site	253	(−)	AATAAA	S000080
POLASIG1	site	365	(−)	AATAAA	S000080
POLASIG2	site	320	(+)	AATTAAA	S000081
POLASIG3	site	702	(+)	AATAAT	S000088
POLASIG3	site	443	(−)	AATAAT	S000088
POLASIG3	site	606	(−)	AATAAT	S000088
POLASIG3	site	609	(−)	AATAAT	S000088
POLLEN1LELAT52	site	247	(+)	AGAAA	S000245
POLLEN1LELAT52	site	128	(−)	AGAAA	S000245
PREATPRODH	site	722	(+)	ACTCAT	S000450
PROLAMINBOXOSGLUB1	site	665	(+)	TGCAAAG	S000354
PYRIMIDINEBOXOSRAMY1A	site	507	(−)	CCTTTT	S000259
RAV1AAT	site	584	(+)	CAACA	S000314
RAV1AAT	site	591	(+)	CAACA	S000314
RAV1AAT	site	732	(+)	CAACA	S000314
REALPHALGLHCB21	site	294	(+)	AACCAA	S000362
ROOTMOTIFTAPOX1	site	392	(+)	ATATT	S000098
ROOTMOTIFTAPOX1	site	595	(+)	ATATT	S000098
ROOTMOTIFTAPOX1	site	56	(−)	ATATT	S000098
ROOTMOTIFTAPOX1	site	373	(−)	ATATT	S000098
ROOTMOTIFTAPOX1	site	391	(−)	ATATT	S000098
ROOTMOTIFTAPOX1	site	689	(−)	ATATT	S000098
RYREPEATBNNAPA	site	663	(+)	CATGCA	S000264
SEF1MOTIF	site	685	(−)	ATATTTAWW	S000006
SEF4MOTIFGM7S	site	6	(+)	RTTTTTR	S000103
SEF4MOTIFGM7S	site	14	(+)	RTTTTTR	S000103
SEF4MOTIFGM7S	site	446	(+)	RTTTTTR	S000103
SEF4MOTIFGM7S	site	27	(+)	RTTTTTR	S000103
SEF4MOTIFGM7S	site	290	(−)	RTTTTTR	S000103
SEF4MOTIFGM7S	site	463	(−)	RTTTTTR	S000103

图 7-12　*Mabinlin* Ⅱ 基因启动子顺式作用元件 PLACE 分析（续）

```
SORLIP5AT                 site   719  (-)  GAGTGAG          S000486
TAAAGSTKST1               site   323  (+)  TAAAG            S000387
TAAAGSTKST1               site   341  (-)  TAAAG            S000387
TAAAGSTKST1               site   531  (-)  TAAAG            S000387
TATABOX2                  site   312  (+)  TATAAAT          S000109
TATABOX2                  site   685  (+)  TATAAAT          S000109
TATABOX2                  site   256  (-)  TATAAAT          S000109
TATABOX2                  site   488  (-)  TATAAAT          S000109
TATABOX4                  site   310  (+)  TATATAA          S000111
TATABOX4                  site   309  (-)  TATATAA          S000111
TATABOX5                  site    18  (+)  TTATTT           S000203
TATABOX5                  site   132  (+)  TTATTT           S000203
TATABOX5                  site   186  (+)  TTATTT           S000203
TATABOX5                  site   191  (+)  TTATTT           S000203
TATABOX5                  site   254  (+)  TTATTT           S000203
TATABOX5                  site   366  (+)  TTATTT           S000203
TATABOX5                  site   406  (+)  TTATTT           S000203
TATABOX5                  site   444  (+)  TTATTT           S000203
TATABOX5                  site   610  (+)  TTATTT           S000203
TATABOX5                  site   234  (-)  TTATTT           S000203
TATABOX5                  site   315  (-)  TTATTT           S000203
TATABOX5                  site   701  (-)  TTATTT           S000203
TATABOXOSPAL              site   133  (+)  TATTTAA          S000400
TATAPVTRNALEU             site   310  (-)  TTTATATA         S000340
TBOXATGAPB                site   667  (-)  ACTTTG           S000383
TELOBOXATEEF1AA1          site   737  (+)  AAACCCTAA        S000308
UP2ATMSD                  site   737  (+)  AAACCCTA         S000472
WBOXHVISO1                site    76  (-)  TGACT            S000442
WBOXNTERF3                site    76  (-)  TGACY            S000457
WRKY710S                  site    77  (-)  TGAC             S000447
WRKY710S                  site   714  (-)  TGAC             S000447
```

图 7-12 *Mabinlin II* 基因启动子顺式作用元件 PLACE 分析（续）

（1）TATA-box

软件分析发现该序列正链含有 3 处 TATA-box，其中 1 处与 NNPP 软件分析的结果一致。Joshi（1987）分析了 79 种植物基因的 TATA-box 的共通序列，指出谷类贮藏蛋白基因 TATA-box 的保守序列是 $T_{42}A_{50}A_{33}C_{67}T_{100}A_{100}T_{100}A_{100}$ $A_{92}A_{100}T_{67}A_{75}G_{50}$，双子叶植物的贮藏蛋白基因 TATA-box 的共通保守序列是 $T_{71}C_{43}T_{43}$ $C_{71}T_{100}A_{100}T_{86}A_{100}A_{57}A_{100}T_{71}T_{71}A_{71}$（下标数字表示该碱基出现的百分率）。本次软件分析的 2 处 TATA-box 的核心序列都是 TATAAAT[①]，与贮藏蛋白的基因一致，但其周围序列都与此规律不符，其中符合度最大的是 685 bp 处的 TATA-box，其序列为 TTCGTATAAATAT，此处正是 NNPP 软件分析的核心启动子 I 的区域。

（2）CAAT-box

序列中发现多处 CAAT-box，除在正链的 275 bp、297 bp、361 bp 和 455 bp 处外，在负链的 −620 bp 和 −597 bp 处也存在，CAAT-box 对植物基因的转录有较强的激活作用，而且对正负两个方向都可激活。由此推测 *Mabinlin II* 基因的该启动子可能具有较强的启动基因表达活性。具体的增强子序列和功能有待

---

① 下划线表示酶切位点

进一步研究证实。

（3）G-box

该序列存在 1 处（652 bp）G-box。G-box 是植物中广泛存在的含有 6 个碱基回文序列（CACGTG）的顺式作用元件，是植物中高度保守、通用、受外界刺激诱导的顺式作用元件，也是研究得最清楚的植物元件之一。单独 G-box 不具有应答反应的特异性，其两侧的序列对应答反应的特异性起重要作用，它通常与另外一个顺式作用元件（如 I box、H box 等）一起，在细胞接受外界信号时调节转录起始的频率。

（4）ACGT-motif

序列中有 2 处（547 bp、677 bp）ACGT-motif（AACGTT）。ACGT-motif 又称 T-box，是转录因子 bZIP 结合位点的核心序列，存在于多种植物种子贮藏蛋白基因启动子中，是种子特异性表达所必需的一种调控元件。

由于 G-box（CCACGTGG）、C-box（ATGACGTCAT）及 TGACGTGG 都存在 ACGT 核心序列，因此不同的转录因子在植物发育的特定阶段和特定环境竞争性、协调地与相应调控元件结合，实现基因的适时表达。

（5）E-box

共发现 2 处 E-box：36 bp 处和 652 bp 处，序列分别为 CAAATG 和 CACGTG，E-box 保守序列模式是 CANNTG，它与其他种子特异性序列元件协同作用，特异性地激活种子贮藏蛋白基因表达。

（6）napin-motif

在 625 bp 处存在 TACACAT，该序列又称（CA）n 序列，广泛存在于种子贮藏蛋白基因启动子的序列内，是一种种子特异性启动子的顺式调控元件。

（7）RY-repeat

存在于 663 bp 处（CATGCA），其保守序列模式是 TGCATGCA，也称 legumin-box，它是核蛋白的结合位点，存在于多种豆科和禾本科植物的种子贮藏蛋白（豆球蛋白）基因上游的调控区中，是具有种子特异性时序调控功能的序列元件。

（8）prolamin-box

存在于 665 bp 处（TGCAAAGT），这是谷类的醇溶蛋白基因胚乳特异表达的序列元件，在大麦醇溶蛋白、小麦醇溶蛋白、玉米醇溶蛋白、小麦麦谷蛋白等基因中都存在 prolamin-box，它们的核心结构（即 -300CORE）的一致序列为 TGTAAAG，该元件保守性不很强，其共通序列为 TGHAAARK。该元件通常与贮藏蛋白基因的其他元件（如 ACGT-motif、AACA-motif）一起作用，协调调节贮藏蛋白基因的定量表达。

（9）GATA-box

共发现 4 处 GATA-box（GATA），该元件是高水平、受光调节的组织特异性表达启动子的必需元件。

（10）I-box

共发现 3 处 I-box（GATAA），I-box 是与光应答有关的保守序列元件，它与 G-box 一起协同调节基因表达对光照的响应。贮藏蛋白基因的表达受多种环境因素影响，其中光照是重要的影响因素之一。

从以上预测分析可推测，*Mabinlin II* 基因的启动子可能是一个种子特异性表达的启动子，比较重要的顺式作用元件的分布如图 7-13 所示。

7.3　*Mabinlin II* 基因启动子的功能验证

为了鉴定启动子的表达调控强度和时空表达特异性，本研究对上述 MBL-P779 启动子序列进行系列缺失并构建缺失表达载体系列，通过农杆菌介导转化遗传模式植物拟南芥（*Arabidopsis thaliana*）或烟草（*Nicotiana tabacum*），以分析、鉴定启动子的功能。

7.3.1　启动子各缺失片段的载体构建及转化农杆菌

以 MBL-P779 的宿主质粒 pMD-Q44 为模板，以 MP1/MP2、MP1/MP3、MP1/MP4、MP1/MP5 引物对为引物，进行 PCR 扩增，以获得缺失了相应表达调控元件的缺失片段系列，同时引物设计时引入 *Sac* I / *BamH* I 酶切位点。以来自豌豆（*Pisum sativum*）的 *leguminA*（*legA*）基因的启动子做阳性对照，以含 legA 启动子的重组质粒 pBS-legA 为模板，设计 pLA1、pLA2 引物对，扩增 legA 启动子片段，同时引入同样的酶切位点 *Sac* I、*BamH* I。经电泳检测（图 7-14），PCR 产物大小分别为 300 bp、450 bp、500 bp、700 bp（MBL 启动子）和 1200 bp（legA 启动子）左右，与设计要求的大小（分别为 309 bp、433 bp、519 bp、704 bp 和 1185 bp）相符。将各片段分别命名为 MBL-Pa、MBL-Pb、MBL-Pc、MBL-Pd 和 LegA-P。然后分别构建了各启动子片段驱动 *GUS* 报告基因的植物表达载体系列。将各重组表达载体分别命名为 pVKH-MBL-Pa（插入 309 bp）、pVKH-MBL-Pb（插入 433 bp）、pVKH-MBL-Pc（插入 519 bp）、pVKH-MBL-Pd（插入 704 bp）和 pVKH-LegA-P（插入 1185 bp）。将上述各重组表达质粒与农杆菌悬液一起电激，在无抗生素的培养液中培养 3～4 h，再涂布在抗性（含 Kan 100 μg/mL）YEP 平板上进行筛选。通过菌液 PCR 证明各表达载体都已成功导入农杆菌 LBA4404。

上述引物序列如下。

pM1（26nt）：acctcgataacggtggtctggatgga

pM2（26nt）：ggtctggatggaggcgttcgctagga

AP1（22nt）：gtaatacgactcactatagggc（接头引物）

AP2（19nt）：actatagggcacgcgtggt（接头引物）

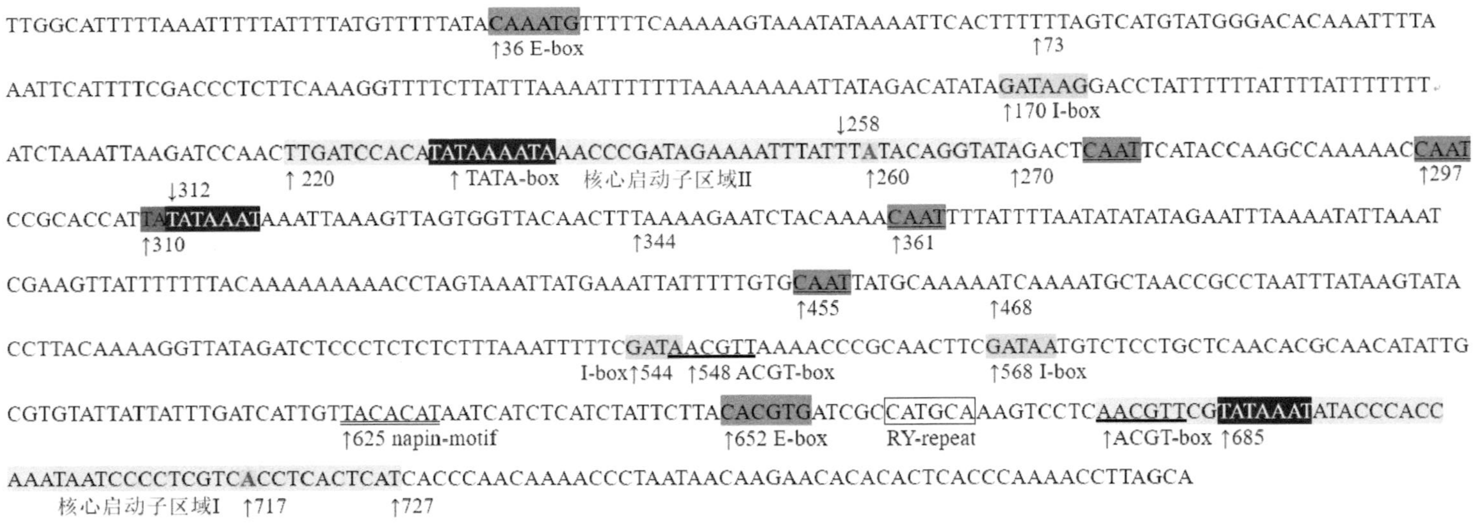
TTGGCATTTTTAAATTTTTATTTTATGTTTTTATACAAATGTTTTTCAAAAAGTAAATATAAAATTCACTTTTTTAGTCATGTATGGGACACAAATTTTA
↑36 E-box
↑73
AATTCATTTTCGACCCTCTTCAAAGGTTTTCTTATTTAAAATTTTTTTAAAAAAAAATTATAGACATATAGATAAGGACCTATTTTTTATTTTATTTTTTT
↑170 I-box
↓258
ATCTAAATTAAGATCCAACTTGATCCACATATAAAATAAACCCGATAGAAAATTTATTTATACAGGTATAGACTCAATTCATACCAAGCCAAAAACCAAT
↑ 220
↑ TATA-box
核心启动子区域II
↑260
↑270
↑297
↓312
CCGCACCATTATATAAATAAATTAAAGTTAGTGGTTACAACTTTAAAAGAATCTACAAAACAATTTTATTTTAATATATATAGAATTTAAAATATTAAAT
↑310
↑344
↑361
CGAAGTTATTTTTTTACAAAAAAAAACCTAGTAAATTATGAAATTATTTTTGTGCAATTATGCAAAAATCAAAATGCTAACCGCCTAATTTATAAGTATA
↑455
↑468
CCTTACAAAAGGTTATAGATCTCCCTCTCTCTTTAAATTTTTCGATAACGTTAAAACCCGCAACTTCGATAATGTCTCCTGCTCAACACGCAACATATTG
I-box↑544
↑548 ACGT-box
↑568 I-box
CGTGTATTATTATTTGATCATTGTTACACATAATCATCTCATCTATTCTTACACGTGATCGCCATGCAAAGTCCTCAACGTTCGTATAAATATACCCACC
↑625 napin-motif
↑652 E-box
RY-repeat
↑ACGT-box
↑685
AAATAATCCCCTCGTCACCTCACTCATCACCCAACAAAACCCTAATAACAAGAACACACACTCACCCAAAACCTTAGCA
核心启动子区域I
↑717
↑727

图 7-13 *Mabinlin II* 基因启动子序列的顺式作用元件分布

灰色阴影区为预测的核心启动子区域，转录起始位点以较大的红色字体标示

MP1（29nt）：catggatccgggtgagtgtgtgttcttgt
（带 *BamH*I 位点）①

MP2（28nt）：ctggagctcatcaaaatgctaaccgcct
（带 *Sac*I 位点）

MP3（27nt）：ctggagctctaaaagaatctacaaaac
（带 *Sac*I 位点）

MP4（30nt）：ctggagctcttatacaggtatagactcaat
（带 *Sac*I 位点）

PM5（29nt）：ctggagctcttagtcatgtatgggacac
（带 *Sac*I 位点）

pLA1（29nt）：catggatccgaatgttggttgtgatgcgg
（带 *BamH*I 位点）

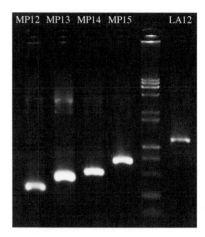

图 7-14　PCR 扩增启动子各缺失片段

pLA2（29nt）：ctggagctcttggcgtctcattgattgac（带 *Sac*I 位点）

7.3.2　拟南芥稳定表达鉴定 *Mabinlin II* 基因启动子活性及时空表达特异性

7.3.2.1　农杆菌介导的真空渗入法转化拟南芥

将含有 pVKH-MBL-Pa、pVKH-MBL-Pb、pVKH-MBL-Pc、pVKH-MBL-Pd、pVKH-LegA-P 和 pVKH-35S 等不同表达载体的重组农杆菌分别用含有 Rif 25 μg/mL、Str 25 μg/mL 和 Kan 100 μg/mL 的 YEP 培养液于 28℃振动培养至 OD600 达到 0.8，离心收集菌体，并用无菌真空渗入液洗涤菌体，再重悬于真空渗入液中使 OD600 达到 1.0，真空渗入转化前加入 200 μL/L SilwetL-77 表面活性剂，充分混匀。

真空转化的当天不给拟南芥浇水，若有结荚的先把所有果荚剪去。将拟南芥连花盆倒置于装有重组农杆菌真空渗入液的烧杯上，尽量使所有花序都浸于渗入液中。打开真空泵对整个干燥器抽取真空，当真空度达到 0.075 MPa 时有气泡自拟南芥叶片间上浮，开始计时，维持抽取 10～12 min，当浸没的叶片变成深绿色、水渍状时停止抽空，并放气解除真空。

对每个重组农杆菌都进行了 3 批真空渗入转化，每批转化 2～3 盆植株。真空渗入过后，植株因受到真空处理和表面活性剂的损伤而很虚弱，需要遮光、倒置平放过夜使其尽快恢复生长活力，期间充分保湿有利于附着的农杆菌继续渗入，提高转化率。暗培养 1 d 后转入长日照条件下培养以尽快收获种子。实验发现，转基因当代植株上收获的 T1 代种子颜色明显有变化，所用的 columbia 野生型拟南芥种子为浅褐色，而农杆菌侵染后收获的种子有的是黄色，有的是深褐色甚至黑色，这可能是农杆菌侵染后外源基因的随机插入改变了拟南芥的形态

---

① 下划线表示酶切位点

包括种子的颜色。Shirley 等（1992）曾报道过当拟南芥 *tt5* 基因变异时种子颜色由棕黄色变成浅黄色。每个含表达载体的农杆菌侵染后收获的 T1 代种子约 0.5～1.0 g，种子干燥后置冰箱 4℃保存。

7.3.2.2　转基因拟南芥抗性筛选和抗性苗移栽

将 T1 代拟南芥种子消毒后均匀播种于含 Cef 100 μg/mL 和 Hyg 50～65 μg/mL 的 1/2MS 固体培养基上，于冰箱 4℃下春化 2 d 后进行长日照培养，培养 1 周左右抗性苗开始分化第一对真叶，2 周左右就分化出 3～4 对真叶，而且根长 3～5 cm。由于筛选时平板上抗性苗很多，故尽量挑选大而健壮、深绿色的小苗移栽，并且要编号清楚。虽然拟南芥是严格的自花授粉植物，多株同处一室不会相互污染，但由于植株小、种子成熟后容易自然掉落，因此，在培养箱摆放时注意将小苗放在上层，大苗、老苗放在下层，以避免成熟种子散落到其他花盆中造成污染，对每株单盆培养、单株收种。各重组农杆菌转化、筛选、移栽成活后获得 T1 代抗性转基因拟南芥植株。

7.3.2.3　拟南芥阳性转化体鉴定

（1）PCR 鉴定

由于移栽成活的 T1 代植株很多，故每个启动子片段的转化体挑约 10 株苗进行鉴定，分别剪取不同植株的叶片 1 片，小量法提取叶片总 DNA，以每个启动子片段相应的引物对分别做 PCR 检测。共检测了 54 株拟南芥的叶片 DNA，结果 53 株扩增到目的条带，其中 35S 转化体扩增的是 *GUS* 基因片段（500 bp 左右），说明 Hyg 的抗性筛选阳性率高，结果可靠，几乎所有抗性植株中都插入了相应目的片段。

（2）组织化学染色鉴定

对于 PCR 检测阳性的 T1 代拟南芥植株，待其开花结荚后，采取开花后 12～18 d 的果荚（含 T2 代种子）样品，进行 GUS 组织化学染色，35S 的转化体直接取叶片、果荚染色。结果所有的被检样品都能检测到蓝色，说明外源启动子片段都分别插入到被检样品植株的染色体 DNA 上，并且，种子染上蓝色说明 *Mabinlin II* 基因启动子的各个缺失片段驱动的 *GUS* 基因都可在转基因拟南芥的种子中表达（图 7-15）。

（3）T2 代种子抗性分离比测定

为了鉴定单拷贝插入的转基因植株，收获 T2 代种子后再播种于含 Hyg 65 μg/mL 的 1/2MS 固体培养基上，通过计算抗性分离比以间接确定外源基因插入的位点情况。每皿播种 100 粒种子，约 2 周后分别数平皿上的抗性小苗（3～4 对真叶、绿色、根长）和非抗性苗（不分化或分化后黄化、死亡）的数目，分别计算抗性分离比。每个片段的转化体挑 3～5 株 GUS 染色阳性的植株 T2 代种子做分离比实验，每株的种子做 3 个平皿的重复。

根据孟德尔分离定律，外源抗性基因单位点插入的抗性表型应该符合抗性苗与敏感苗的比例为 3∶1 的规律，总共测定的 22 株拟南芥中有 18 株的 T2 代种子

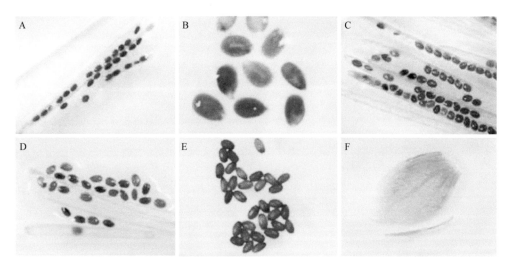

图 7-15　拟南芥转化体 GUS 染色鉴定（T2 代种子）

A. MBL-Pa；B. MBL-Pb；C. MBL-Pc；D. MBL-Pd；E. legA-P；F. 35S

抗性分离比小于 5 : 1，分离比符合 3 : 1 的规律。农杆菌介导的转化方法应用广泛，尤其适合于烟草、拟南芥和油菜等双子叶植物的转化，而且外源基因主要以单拷贝形式在宿主染色体的单位点插入。所以本研究获得的多数转化体都是外源片段以单拷贝插入到拟南芥的染色体 DNA 中，获得的抗性能够遗传到下代（T2 代种子表现抗性表型）。

（4）不同启动子驱动 *GUS* 基因表达组织特异性分析

分析了各转基因拟南芥 T2 代种子的 GUS 活性后，再对 T2 代植株进行 GUS 组织化学染色，以确定各启动子调控基因表达的组织特异性。分别取 T2 代小苗和 T2 代植株的花序进行检测，研究结果显示，*Mabinlin II* 基因启动子的各缺失片段驱动的 *GUS* 基因不能在拟南芥的根、茎、叶中表达（图 7-16A～D），但 MBL-Pd 在花中的表达活性较强，而 MBL-Pa、MBL-Pb、MBL-Pc 的花表达活性不明显（图 7-17）。另外，legA-P 也不能驱动 *GUS* 基因在拟南芥的根、茎、叶中表达（图 7-16E），但在拟南芥果荚的顶端（图 7-18E）和种子的种脐部位（结果未示出）有表达，并且在花中也有表达（图 7-17E）。35S 启动子作为组成型表达的强启动子，在拟南芥的根、茎、叶中表达活性较强（图 7-16F），而在种子、果实（果荚）等生殖器官中远不如在营养器官的表达活性强（图 7-15F）。

由此看来，种子特异表达的 legA 启动子除主要在种子中表达外，在拟南芥的花、果荚中也有表达。本研究所分离到的 *Mabinlin II* 基因启动子也是这样，其中缺失片段 MBL-Pd（704 bp）在拟南芥花中表达活性较强，但 MBL-Pa（309 bp）、MBL-Pb（433 bp）、MBL-Pc（519 bp）在花中表达相对较弱。

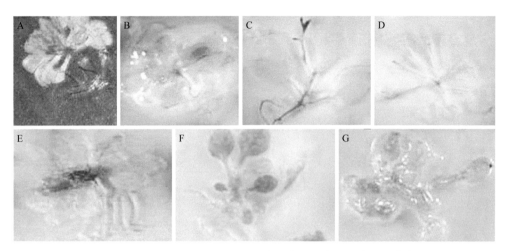

图 7-16　不同长度启动子驱动 *GUS* 基因在拟南芥根、茎、叶中表达
A. MBL-Pa；B. MBL-Pb；C. MBL-Pc；D. MBL-Pd；E. legA-P；F. 35S；G. 阴性对照

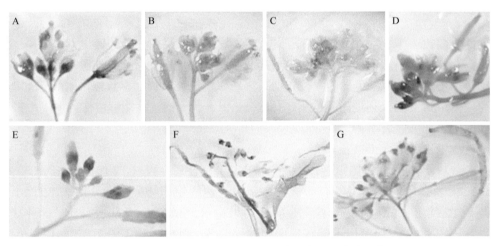

图 7-17　不同长度启动子驱动 *GUS* 基因在拟南芥花中表达
A. MBL-Pa；B. MBL-Pb；C. MBL-Pc；D. MBL-Pd；E. legA-P；F. 35S；G. 阴性对照

（5）*Mabinlin* Ⅱ 基因启动子不同缺失片段启动活性分析

挑选 T1 代植株 PCR 检测阳性、T2 代种子的 GUS 染色阳性和 T2 代种子的抗性分离比符合 3∶1 规律的转基因拟南芥作为研究对象。对整合各启动子片段的 T3 代拟南芥，采取开花后 10～20 d 的种子进行 GUS 染色，以比较各启动子的活性强弱。结果如图 7-18 所示。

由图 7-18 可知，各启动子片段都具有启动 *GUS* 基因在拟南芥种子中表达的能力。从多量种子的 *GUS* 显色深浅情况看，MBL-Pb、MBL-Pc、MBL-Pd 的显色都比 MBL-Pa 深，而它们彼此之间显色差异不显著；MBL-Pa 的颜色与 legA-P

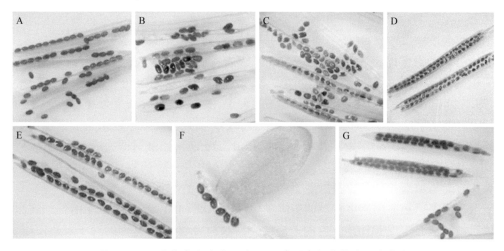

图 7-18　不同长度启动子驱动 *GUS* 基因在拟南芥种子中表达

A. MBL-Pa；B. MBL-Pb；C. MBL-Pc；D. MBL-Pd；E. legA-P；F. 35S；G. 阴性对照

的颜色深浅接近，说明 MBL-Pa 驱动 *GUS* 表达的能力与种子特异性启动子 legA-P 基本相当，而 MBL-Pb、MBL-Pc、MBL-Pd 的驱动能力都比 MBL-Pa 强。说明本研究分离到的 *Mabinlin II* 基因启动子是种子特异性表达的强启动子。

（6）*Mabinlin II* 基因种子特异性启动子表达时序分析

由上述分析结果可知，分离到的 *Mabinlin II* 基因启动子中 433 bp 的 MBL-Pb 足以驱动 *GUS* 基因在种子中高效表达，其表达能力强于来自豌豆的 *legA* 基因的种子特异性启动子，也远强于 35S 启动子在种子中的表达能力。故下一步着重对 MBL-Pb 启动子的发育调控特性进行研究。从植株开花的第一周开始，每 2 d 采样一次，对果荚和种子同时进行 GUS 染色。结果（图 7-19）显示，开花后约

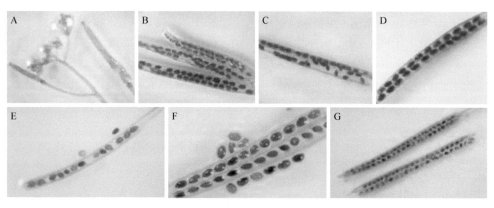

图 7-19　MBL-Pb 在种子不同发育时期的表达情况

A. 开花后 6 d；B. 开花后 10 d；C. 开花后 12 d；D. 开花后 14 d；

E. 开花后 16 d；F. 开花后 18 d；G. 开花后 20 d

12 d，MBL-Pb 开始在种子中驱动 *GUS* 基因起始表达，到 16 d 左右表达达到高峰（蓝色最深），之后种子 GUS 显色一直维持在较高水平。

另外，为了能更直观地观察 *GUS* 基因表达随时间变化的规律，对 MBL-Pb 的拟南芥转化体的整个花序连同花、果荚和花序轴一起进行 GUS 染色，结果（图 7-20）很清楚地看到远离花、成熟的种子先染上蓝色，而靠近花、未成熟的种子还未着色，并且只有种子显示蓝色的现象。据黄百渠（1990）报道，拟南芥种子贮藏蛋白的积累始于开花后 11～12 d，到 14～15 d 时即完成。由此可见，MBL-Pb 受发育阶段的调控，主要在种子成熟的中、后期驱动 *GUS* 基因表达，表达时间与拟南芥种子自身贮藏蛋白的积累同步，这说明，拟南芥种子中与贮藏蛋白基因表达相关的诸多转录调节因子照样能识别 MBL-Pb 启动子中的各顺式作用元件，从而实现 MBL-Pb 启动子协调、高效地启动 *GUS* 基因的种子表达作用。这更进一步说明所分离到的 *Mabinlin* Ⅱ 基因启动子是种子特异性表达启动子。

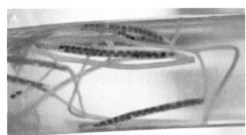

图 7-20 MBL-Pb（A）、MBL-Pc（B）在种子不同发育时期的表达情况

（7）*Mabinlin* Ⅱ 基因启动子在种子胚中的表达分析

MBL-Pb 拟南芥转化体种子中 *GUS* 基因的表达情况（图 7-21）表明，MBL-Pb 启动子主要在胚中驱动 *GUS* 基因表达，在种皮中没有表达，在胚根、胚轴中的表达活性强于子叶。与此相呼应的是，马槟榔种子胚的胚轴长而膨大，子叶较小，胚轴是贮藏蛋白甜蛋白的主要贮藏场所，因此在拟南芥种子胚轴中观察到最强的表达。拟南芥是双子叶十字花科植物，其种子胚由子叶、胚根、胚芽和胚轴

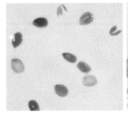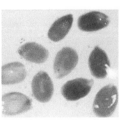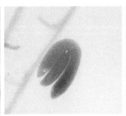

图 7-21 MBL-Pb 驱动 *GUS* 基因在拟南芥种子胚中表达

组成，没有胚乳。马槟榔是山柑科植物，与十字花科同属于白花菜目，因此它们具有进化上共同的祖先。

7.3.3　烟草中表达鉴定 *Mabinlin II* 基因启动子活性及时空表达特异性

烟草是遗传转化中第一个用农杆菌转化成功的植物，也是遗传模式植物，农杆菌介导的烟草叶盘转化法是常用的遗传转化方法。为了获得准确可靠的结论，本研究同时开展了各重组农杆菌转化烟草的相关实验。

7.3.3.1　农杆菌介导的叶盘法转化烟草

将各重组农杆菌分别接种于含 Rif 25 μg/mL、Str 25 μg/mL 和 Kan 100 μg/mL 的 YEP 培养液中，于 28℃振荡培养至 OD600 达到 0.6，取出，离心收集菌体，并用 1/2MS 培养液洗涤两次，再重悬于 1/2MS 培养液中。无菌培养 30 d 左右的烟草叶片用无菌打孔器取材，获得直径 0.5 cm 左右的叶盘外植体，将其置于农杆菌菌悬液中侵染 8～10 min，取出叶盘用无菌滤纸吸干菌液，然后置于表面铺有滤纸的 MS 分化培养基上，25～28℃暗处共培养 2～3 d；之后转入含有 Cef 500 μg/mL 和 Hyg 35 μg/mL 的选择培养基上，25～28℃、短日照培养。

侵染过的烟草叶盘不断膨大并保持新鲜绿色，约 10 d 后开始形成绿色抗性愈伤，而未侵染的对照叶盘也能膨大，但逐渐失去绿色而发生黄化。继代培养后发现多数抗性愈伤上分化出不定芽，而对照则完全黄化或白化，不能分化不定芽（图 7-22）。待抗性芽苗长到 1～2 cm 时将其切下移到含 Cef 100 μg/mL 和 Hyg 50 μg/mL 的生根培养基上诱导生根。其中绝大部分抗性芽苗可被诱导出完整的根系（图 7-23）。待抗性小植株在组培瓶中长至 5～6 片叶时就可以移栽温室了，移苗前先经过一段时间的炼苗可提高小苗的移栽成活率。

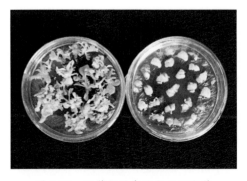

图 7-22　烟草抗性愈伤分化不定芽　　　　　图 7-23　抗性芽诱导生根

本研究共得到烟草 Hyg 抗性小苗 123 株，考虑到工作量太大，只移栽了 76 株：MBL-Pa 14 株、MBL-Pb 11 株、MBL-Pc 16 株、MBL-Pd 17 株、legA-P 14 株和 35S 4 株，另外种有 2 株未侵染的野生型烟草作为阴性对照。

7.3.3.2 抗性烟草植株 PCR 检测

在组培瓶中烟草小苗移栽温室前炼苗期剪取烟草叶片，提取叶片总 DNA，以其为模板，以各插入片段相应的引物对为引物进行 PCR 检测，共检测 67 株苗，有 41 株扩增到相应条带。

7.3.3.3 GUS 基因在烟草中的表达情况

主要对转 *MBL-Pd* 和转 *35S* 的烟草进行了 *GUS* 检测，对转 *MBL-Pd* 的烟草植株（T1）检测了花和种子（T2），对转 *35S* 的植株检测了叶片和果实（带种子），结果如图 7-24、图 7-25 所示。

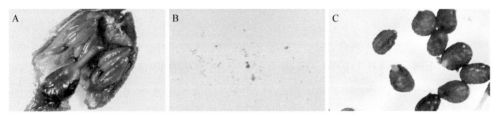

图 7-24　MBL-Pd 驱动 *GUS* 基因在烟草中表达
A. 在烟草花药中表达；B. 在烟草花粉中表达；C. 在烟草种子中表达（T2）

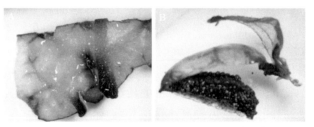

图 7-25　35S 启动子驱动 *GUS* 基因在烟草中表达
A. 在烟草叶片中表达；B. 在烟草果实、种子中表达

7.3.3.4 *Mabinlin II* 种子特异性表达强启动子应用初探

为了探讨该种子特异性表达强启动子的应用前景，应用农杆菌介导的瞬时表达考察了 MBL-Pd 启动子在豌豆、辣椒等双子叶植物和单子叶植物水稻的种子中的表达情况。结果（图 7-26～图 7-28）表明，704 bp 的 MBL-Pd 启动子能够驱动 *GUS* 基因在辣椒籽、豌豆胚根和稻米的胚根内瞬时表达，这一方面更进一步证明了种子表达特异性，如在豌豆、稻米胚根中表达活性较强，同时预示该启动子在种子植物中有着广泛的应用前景。*Mabinlin II* 基因种子胚特异性表达强启动子的获得，对建立目的基因的种子特异表达体系和改良种子作物品质有重要意义。

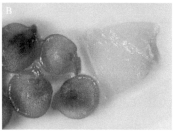

图 7-26　MBL-Pd 启动子在辣椒籽中瞬时表达（烟草叶片作为对照）
A. 对照；B. 辣椒种子

图 7-27　MBL-Pd 启动子在豌豆中瞬时表达
A. 对照；B. 豌豆种子

7.3.4　*Mabinlin II* 基因启动子活性与顺式作用元件相关性分析

7.3.4.1　种子特异表达活性与各序列元件相关性分析

图 7-29 清楚地表明了 *Mabinlin II* 基因启动子上的各种顺式作用元件的分布情况，除核心启动子区域的转录起始位点（+1）、TATA-box、CAAT-box 外，还有 ACGT-box、RY-repeat、napin-motif 和 E-box 等多个种子特异表达元件。

图 7-28　MBL-Pd 启动子在稻米中瞬时表达

ACGT-box 是转录因子 bZIP 结合位点的核心序列，在菜豆、烟草和拟南芥的胚胎发生过程中，该元件（CACGTG）也是菜豆蛋白（beta-phaseolin）基因表达所必需的序列。另外，CACGTG 也是胡萝卜胚特异表达基因 *Dc3* 的特异调控元件。*Mabinlin II* 基因启动子中存在多处 ACGT 核心序列，这与其种子特异表达功能相关联。

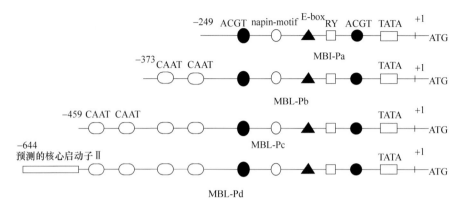

图 7-29　*Mabinlin* Ⅱ 基因启动子各缺失片段序列上顺式作用元件分布

　　RY-repeat 是 legumin-box 的核心序列，是核蛋白的结合位点，在甘蓝型油菜的 napA 启动子中，它与 G-box 一起构成 RY/G 复合体（complex），与转录因子 ABI3 的特定 domain 结合，调节 *napA* 基因的转录激活。本研究的序列中在 RY-repeat 上游不远处（−65 bp）也有一个 G-box，推测它与 RY-repeat 间也可能存在上述作用模式而调节种子特异表达。Lelievre 等（1992）证明 RY-repeat 序列元件对于控制基因表达量具有关键作用，属于增强子成分。在大多数豆科作物的种子贮藏蛋白，如 *Gy2* 基因和 β-伴大豆球蛋白基因的启动子中都存在该序列元件，并证明这些片段对基因表达量的调控具有重要作用。

　　napin-motif 又称（CA）n 序列，可与特定的反式作用因子结合，调控种子贮藏蛋白基因的时序转录与表达，在甘蓝型油菜的 2S 清蛋白基因 *napB* 的启动子中，该元件通过与核蛋白的结合调节种子发育过程中 *napB* 的特异表达。

　　值得一提的是该启动子在 −52 bp 处还存在一个 prolamin-box（TGCAAAGT）（图 7-13），这是谷类的醇溶蛋白基因胚乳特异表达的序列元件。有趣的是，该序列元件与 RY-repeat（−56 bp）部分序列重叠，在单子叶植物（如水稻、玉米等）有胚乳种子中，该启动子是否在胚乳中特异表达还不能确定，有待进一步证明。

7.3.4.2　各缺失片段启动活性与各序列元件相关性分析

　　本研究结果显示，*Mabinlin* Ⅱ 基因启动子 309 bp 的缺失片段 MBL-Pa 足以驱动 *GUS* 基因的种子特异性表达，这从图 7-29 的顺式作用元件分布图上即可以找出原因。在该片段 −249～＋1 区域内的多个特异表达的序列元件决定了其种子特异性表达功能，其表达活性强度与 legA-P 启动子的相当，说明 −249～＋1 区域内的序列元件不仅具有种子表达特异性的功能，有些元件一定还具有数量调节的作用。

　　缺失片段 MBL-Pb、MBL-Pc、MBL-Pd 比 MBL-Pa 只是多了几个 CAAT-box，

从结果看，−373～−249 区间内的 2 个 CAAT-box 对 *Mabinlin II* 基因的转录有较强的激活作用，而 −459～−373 区间的 2 个 CAAT-box 的转录激活作用不明显。另外，在 −644～−459 区间存在预测的核心启动子区域 II，它是否也存在启动子活性？是否与核心启动子 I 一起使 *Mabinlin II* 基因受串联复合启动子的调控还有待进一步研究。在水稻醇溶蛋白 *4a* 基因和玉米 19 KD、22 KD 醇溶蛋白基因中都存在串联复合启动子调控基因表达的现象。

在组织特异性启动子的研究中，特异性顺式作用元件一般行使两种功能：一种赋予基因组织特异性，该顺式作用元件缺失后，启动子的组织特异性消失，同时启动活性处于非常低的水平，如来自番茄的花粉特异启动子 1at52、来自烟草的花粉特异启动子 g10 及来自菜豆的种子特异表达启动子 β-phaseolin；另外一种功能是抑制基因在其他组织表达，该顺式作用元件缺失后，基因的抑制作用解除，组织特异性消失，所以基因可以在任何组织都有表达，如玉米的 19 KD 醇溶蛋白启动子缺失特异区段 −488～−378 后，其组织特异性消失，可以在转基因烟草各器官中表达。本研究的缺失区段 −249～＋1 包括了多个序列元件，如果缺失片段更短，可以对每个元件的功能进行比较、分析，将有利于更明确地判断各序列元件的功能和作用。

7.3.4.3　关于 *Mabinlin II* 基因启动子非种子表达活性的分析

本研究结果显示，启动子片段 MBL-Pd 在转基因拟南芥和转基因烟草花药中都表现了较强的驱动 *GUS* 基因表达的能力，分析其顺式作用元件（图 7-12）后发现，在 MBL-Pd 启动子的 −470 bp 处有一花粉元件（AGAAA），Bate（1998）证明，西红柿的花粉特异表达 *lat52* 基因的启动子中 AGAAA 元件与另一个元件 TCCACCATA 共同调节 *lat52* 基因的花粉特异表达。用 DNAsist 2.0 软件比对发现 MBL-Pd 启动子 −21 bp 处也存在一段序列 CCCACCAAA，它与 TCCACCATA 序列十分类似，因此，很可能与 *lat52* 基因的花粉特异表达模式一样，转基因拟南芥和转基因烟草花药中的转录因子也能够识别这些花粉序列元件而启动 *GUS* 基因在花粉中的表达。

由于马槟榔植物的花期很短，本研究未能采集到马槟榔的花做 RT-PCR 分析，而明确 *Mabinlin II* 基因在来源植物马槟榔的花中是否有表达将是一个非常有意义的问题，有待进一步研究。

7.3.4.4　*Mabinlin II* 基因启动子与 *legA* 基因启动子顺式作用元件比较

本研究结果显示，缺失片段 MBL-Pa 与来自豌豆种子特异表达的 *legA* 基因启动子的驱动 *GUS* 基因表达的活性强度相当，分析它们各自的顺式作用元件（图 7-30）发现，*legA* 基因启动子中存在 legumin-box 和 2 个 RY-repeat 等重要元件，Yoshie 等（1992）在研究 A2B1a 亚基的表达调控时发现 Legumin -box 参与基因表达的数量调控，而 Lelievre（1992）证明在大多数豆科种子贮藏蛋白基因启动子中也都含有 RY-repeat，它对基因表达量的调控具有重要作用。与之相比，*Mabinlin* II 基因启动子中除存在 1 个 RY-repeat 外，还有 2 个 ACGT-box 和 napin-box、E-box 等，napin-box 主要是决定表达特异性的元件，而 E-box 在 *legA* 基因启动子中也存在，故推测这 2 个 ACGT-box 对 MBL-Pa 启动子的表达活性强度有重要贡献，可能具有数量调控的作用。

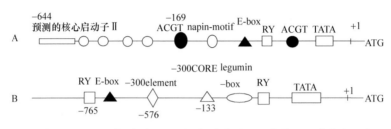

图 7-30　*MBL*（A）和 *legA*（B）的启动子顺式作用元件分布比较

第**8**章　马槟榔人工引种驯化栽培研究

马槟榔野生种质资源日渐稀缺，加快其人工引种驯化栽培研究，既是保护野生种质资源的最好方法，也是进行产业化开发利用的必经之路。本章将介绍马槟榔的常规繁育，包括扦插育苗、压条繁殖、种子育苗、组织培养等技术。

8.1　马槟榔的常规繁育

8.1.1　扦插育苗

8.1.1.1　不同地区扦插枝条的成活率差异较大

对 19 条马槟榔野生枝条进行扦插，35 d 后发现马槟榔扦插枝条生根较难，除广 016（广西柳江）外，各地插穗的生根率都不超过 20%。不同地区马槟榔插穗的抽芽和生根效果差异较大，35 d 后抽芽率为 16.7%～93.3%，最长芽长 0.3～8.0 cm（云 002 由于样品运送过久而未成活），生根率 0%～76.7%（表 8-1）。广 016（广西柳江）成活率达 76.7%，分析与其处理方法有关，其处理方法为：枝条树龄 4 年以上，采自广西柳江，保护完好；采回后先用清水浸泡 48 h，取出环割数刀；浸入生根粉溶液（1～2 L，低浓度）中 18 h；插穗长度 20～40 cm。

表 8-1　马槟榔不同地区扦插枝条第 35 d 抽芽和生根的比较

编号	插穗总数	抽芽插穗数	最长芽长 /cm	抽芽率 /%	生根插穗数	生根率 /%	备注
广 001	30	15	1.1	50.0	2	6.7	
广 002	30	7	0.3	23.3	0	0.0	
广 004	30	21	6.2	70.0	1	3.3	
广 005	30	20	2.0	66.7	0	0.0	
广 006	30	13	5.2	43.3	0	0.0	
广 007	30	28	8.0	93.3	4	13.3	
广 008	30	23	4.1	76.7	2	6.7	
广 009	30	26	3.0	86.7	2	6.7	

续表

编号	插穗总数	抽芽插穗数	最长芽长 /cm	抽芽率 /%	生根插穗数	生根率 /%	备注
广 010	30	7	2.2	23.3	0	0.0	
广 011	30	18	1.7	60.0	0	0.0	
广 012	30	7	3.0	23.3	0	0.0	
广 013	30	14	1.3	46.7	0	0.0	
广 014	30	5	0.9	16.7	0	0.0	
广 015	30	13	2.1	43.3	2	6.7	
广 016	30	26	3.1	86.7	23	76.7	老茎也成活
广 022	30	20	1.4	66.7	3	10.0	
云 001	30	21	2.3	70.0	1	3.3	
云 002	30	0	0.0	0.0	0	0.0	样品运送过久
云 003	30	26	2.0	86.7	6	20.0	斜插

8.1.1.2 不同基质和不同扦插方法对马槟榔扦插育苗的影响

理想的生根基质应具备良好的通气性、保水性和排水性，且无病菌感染。马槟榔属于生根较困难的树种，因此扦插基质和方法特别重要。研究发现，马槟榔枝条扦插成活率受基质类型和扦插方法影响较大：斜插在河沙中的插穗易失水，成活率较低（但加温棚时较好）；平插（平埋）在红壤土中的广 016、斜插在红壤土中的广 013 的插穗和斜插在红壤土＋河沙（1∶1）基质中的插穗成活率比河沙中的扦插成活率高。河沙透气性较好，但不易保持水分；红壤土可以较好地保持水分，但透气性不好；红壤土＋河沙（1∶1）的基质集中了两者的优点，因此认为此基质是马槟榔扦插的较好基质（表 8-2）。

表 8-2 三种基质对斜插苗生长情况的影响

基质	根长 /cm	根数	新生茎长 /cm	根冠比	叶长 /cm	叶数
红壤土	16.9	8	24.5	0.69	13.0	10
河沙	21.0	12	5.7	3.68	6.6	6
红壤土＋河沙	18.7	9	7.2	2.60	8.1	7

8.1.1.3 插穗长度与带叶扦插对成活率的影响

插穗的长度和粗度对马槟榔扦插有明显影响。实验发现，不论斜插还是平插，插穗长度 20～40 cm 有利于生根成苗（广 016、广 013、广 019 等）。平插在红壤土或河沙中时，插穗不宜较细，较细的插穗易腐烂或干枯；斜插在河沙中时，插穗也不宜太细，但可比平插时细些，否则易失水枯死。

插穗的叶面积大小对扦插特别是嫩枝扦插影响重要。一般来说，带叶片扦插能提高成活率，老枝和休眠枝扦插时不带叶片，嫩枝扦插带有叶片，因为嫩枝插条保留一定数量的叶片，可以进行光合作用，为插条提供生长激素等生根促进物质和少量营养物质，从而提高了插条生根率。但是，插条保留的叶片数量过多，蒸发量随之增加，插条容易枯萎，保留的叶片数量太少又起不到相应的促进作用。因此需要根据树种特性及扦插环境条件（如温度和湿度）等来确定最佳的叶片保留数量。研究发现，将叶片剪去 2/3 的扦插方法有利于马槟榔的生根成活。

8.1.1.4　马槟榔扦插生根类型分析

马槟榔插穗有三种生根方式：芽点生根型、皮部生根型和愈伤组织生根型。芽点生根型包括侧芽或休眠芽基部分生组织生根型。愈伤组织生根型包括皮部愈伤生根和茎髓愈伤生根型。愈伤组织生根型产生的扦插苗根冠比较大，抗逆性强，有利于扦插苗适应不良环境。芽点和皮部形成根的时间较愈伤组织早，产生的根较长，扦插苗地上部分生长旺盛，较早的光合作用为地下部分的生长提供了较多的营养，并为愈伤组织形成和生根提供了时间，是植物进化的表现（表 8-3）。

表 8-3　马槟榔插穗生根成活情况

生根类型	根长 /cm	根数	地上部分长度 /cm	根冠比	叶长 /cm	叶数
芽点生根	56.5	6	41.8	1.35	17.0	20
皮部生根	58.2	6	77.0	0.76	17.0	30
愈伤生根	44.0	9	16.0	2.75	13.2	14

8.1.1.5　外源物质处理对马槟榔扦插效果的影响

生长素 IAA、NAA 处理有利于插穗生根。4℃低温、0.1% $KMnO_4$、1% 石灰水处理，效果均不明显。浸水可以去除插穗内的生根抑制物质，但与对照相比，浸水 48 h 可能时间太长，导致插穗在水中无氧呼吸，产生对枝条不利的物质，造成成活率下降，可以考虑用流水冲洗。0.2 mg/L NAA 处理比相同浓度的 IAA 处理稍好，这与许方宏等（2003）对桉树的研究有所偏差，推测是因为 IAA 易在植物体内氧化分解所致。化学物质 H_3BO_3 和 NAA 合用效果显著，把插穗的成活率提高了 16.7%。研究证实，先对插穗进行清水处理 1～2 d，每 4 h 换水一次，以补充水分并去除生根抑制物质，然后使用 0.05 mg/L NAA＋0.1 mg/L H_3BO_3 处理 12 h 或更长时间，将会大大提高马槟榔插穗的成活率（表 8-4）。

表 8-4　广西天峨地区马槟榔插穗的预处理

编号	处理方法	成活率 /%
T006、T019、T023、T028	4℃低温处理 34 h	6.7
T033、T013、T014、T032	0.1%KMnO₄ 处理 11 h	3.3
T020、T011、T024、T025	0.2 mg/L IAA 处理 11 h	10.0
T010、T030、T017	0.2 mg/L NAA 处理 11 h	13.3
T026、T031、T008	0.4 mg/L NAA 处理 22 h	33.3
T015、T021、T029	0.05 mg/L NAA ＋ 0.1 mg/L H₃BO₃ 处理 22 h	50.0
T022、T027、T018	1% 石灰水处理 22 h	6.7
T005、T001、T004、T003、T002	浸水催根处理 46 h	10.0
T007、T009、T012	对照浸水处理 16 h	13.3

注：编号随机组合以使单个处理的插穗数达到 30 株，全部插穗平插于红壤土中

8.1.2　种子育苗

8.1.2.1　不同处理方法和保存时间对马槟榔种子发芽率的影响

从表 8-5 可以看出，广 001、广 003、广 013 三地区种子发芽率没有明显差异。马槟榔种子晒干、烘干及自然条件下保存对发芽率影响很大，晒干种子发芽率低，烘干种子发芽率为 0，未处理种子发芽率最高，因此马槟榔种子处理不能太阳直射，也不能烘干。从保存时间来看，广 001 存放时间 13 d，发芽率还可保持，在 43 d 后就明显下降，72 d 后丧失萌发能力。种子育苗实验发现，马槟榔种子的含水量与种子的萌发率显著相关。从果实中取出种子后，不进行任何干燥处理，其萌发时间需要 20～30 d，且萌发率可以达到 90% 以上；而进行晒干或烘干处理都不利于马槟榔种子萌发，甚至不能萌发。因此，根据种子存放时间和处理方法对发芽率的影响，可以判断马槟榔种子为中度或高度顽拗性种子。

表 8-5　不同存放时间对马槟榔种子发芽率的影响

种子类型	采集日期	播种日期	存放时间 /d	播种数	发芽数	种子大量萌发时间 /d	发芽率 /%
广 003（30℃烘干）	2007.11.21	2007.12.04	13	30	0		0.0
广 003（30℃烘干）	2007.11.21	2007.12.14	23	30	0		0.0
广 003（太阳晒干）	2007.11.21	2007.12.14	13	30	0		0.0
广 003（太阳晒干）	2007.11.21	2007.12.24	33	30	0		0.0
广 003（未处理）	2007.11.21	2007.12.04	13	30	22	35	73.3
广 003（未处理）	2007.11.21	2008.01.04	43	30	2	38	6.7
广 001（太阳晒干）	2007.11.17	2007.11.24	7	50	6	37	12.0
广 001（太阳晒干）	2007.11.17	2007.12.24	37	30	0		0.0

续表

种子类型	采集日期	播种日期	存放时间 /d	播种数	发芽数	种子大量萌发时间 /d	发芽率 /%
广 001（太阳晒干）	2007.11.17	2008.01.24	67	30	0		0.0
广 001（未处理）	2007.11.17	2007.11.30	13	30	28	30	93.3
广 001（未处理）	2007.11.17	2007.12.30	43	30	12	38	40.0
广 001（未处理）	2007.11.17	2008.01.28	72	30	0		0.0
广 013（未处理）	2007.12.01	2007.12.14	13	30	29	33	96.7

8.1.2.2 不同播种方法对马槟榔种子发芽率的影响

马槟榔种皮较厚，透气性、透水性较差，对其进行一定的物理或化学处理非常必要。对广 001 新鲜种子进行开裂和去壳处理，发现将种皮去除或裂开可以使马槟榔种子提前 5～7 d 萌发。但去除种皮后，种子容易受损或遭受病虫害，从而影响萌发率。种皮开裂法，既能使种子提前萌发，又可有效避免上述情况，因此，种皮开裂法是促使马槟榔种子萌发的最佳方法（表 8-6）。

表 8-6　不同播种方法对马槟榔种子发芽率的影响

处理	处理日期	处理种子数	种子萌发所需时间 /d	萌发数	萌发率 /%
对照	2008.12.12	30	26～35	28	93.3
去壳	2008.12.12	30	21～30	25	83.3
开裂	2008.12.12	30	21～27	27	90.0

8.1.2.3 不同激素处理对马槟榔种子发芽率的影响

表 8-7 显示，激素处理广 001 晒干种子，其萌发时间提前 3～5 d，且 GA_3 的效果最佳，可以提前至少 5 d 萌发。GA_3、NAA、BA 和对照的萌发率分别为 33.3%、26.7%、23.3% 和 10.0%，可见激素处理种子的萌发率明显高于对照，且 GA_3 处理种子的萌发率最高。GA_3 处理是最常用的打破种子休眠、提高种子发芽率、缩短育苗时间的方法，已有研究表明，用不同浓度的 GA_3 处理萝卜、一串红、茄、紫苏、玉米等草本植物和一些木本植物的种子，可打破其休眠，对萌发和幼苗生长均有明显的促进作用，从而印证了 GA_3 处理同样适用于马槟榔这种发芽周期长的种子，可缩短其发芽时间、提高种子发芽率。

表 8-7　不同激素处理对马槟榔种子发芽率的影响

处理	处理日期	播种数	种子开始萌发时间 /d	萌发数	发芽率 /%
蒸馏水对照	2008.12.12	30	18	3	10.0
10 mg/L GA_3	2008.12.12	30	13	10	33.3
0.5 mg/L NAA	2008.12.12	30	15	8	26.7
1.0 mg/L BA	2008.12.12	30	15	7	23.3

8.1.2.4 不同温度的热水处理对马槟榔种子发芽率的影响

热水对种子萌发有明显的促进效应，能增加种皮的通透性，加速水气交换，对解除休眠、促进萌发起重要作用。

65℃热水对广 001 晒干种子作处理，可以适当提高马槟榔种子发芽率，比对照（自然温度）高 6.7 个百分点，但不能使之提前萌发；高温（75～100℃）处理的种子萌发时间会延后，萌发率也降到 3.3%，可能是高温降低了马槟榔种子内的酶活性（表 8-8）。

表 8-8　不同温度的热水处理对马槟榔种子发芽率的影响

处理	处理日期	处理种子数	种子开始萌发时间 /d	萌发数	萌发率 /%
对照	2008.12.12	30	18	3	10.0
65℃	2008.12.12	30	18	5	16.7
75℃	2008.12.12	30	24	1	3.3
85℃	2008.12.12	30	26	1	3.3
100℃	2008.12.12	30	22	1	3.3

8.1.2.5 不同基质对马槟榔种子发芽和实生苗生长的影响

红壤土中生长的幼苗根冠比明显大于其他几种基质中的幼苗，得到的幼苗抗性最好。河沙育苗的根冠比最小，为 0.17，椰糠加石粒基质育苗的根冠比为 0.38。对植株长势及侧根长、茎长、叶片等指标综合分析，椰糠加红壤土基质最为理想。因此马槟榔种子育苗的最佳基质为椰糠＋红壤土（1∶1）。试验中还研究了种子育苗的覆盖厚度，发现覆盖 0.5～1 cm 厚河沙最为适宜，超过 1 cm 会影响种子萌发速度和萌发率。结果如图 8-1、表 8-9 所示。

图 8-1　马槟榔种子育苗采用不同基质组图

A. 沙池种子育苗；B. 椰糠沙粒育苗；C. 椰糠育苗；D. 红壤土育苗；E. 椰糠壤土沙粒育苗

表 8-9　不同基质对马槟榔实生苗的影响

基质	主根 /cm	最长侧根 /cm	侧根数	茎长 /cm	最大叶长 /cm	叶数	根冠比
河沙	2.0	1.5	22	11.5	5.0	2	0.17
红壤土	8.7	1.2	47	11.6	7.9	2	0.75
椰糠+红壤土	4.5	3.5	29	10.0	9.4	2	0.45
椰糠+石粒	不明显	4.6	8	12.0	5.1	2	0.38
椰糠+河沙	4.9	3.0	13	>6		叶未展开	

8.1.3　压条繁殖

在压条繁殖试验中，普通压条试验的 10 条枝条仅存活 1 条繁殖成新的植株，生根率为 10%。高空压条试验的 10 条枝条存活 5 条，新植株从环割部位长出愈伤组织并生出白色新根，生根率为 50%。高空压条的 5 株苗从母体切开后栽培至营养袋中，均生长良好。结果如图 8-2、表 8-10 所示。

图 8-2　马槟榔高空压条繁殖生根情况组图

A. 高空压条；B. 压条形成的愈伤；C. 高空压条生根情况

表 8-10　人工栽培马槟榔压条繁殖成活情况统计表

枝条编号	1	2	3	4	5	6	7	8	9	10	生根率 /%
普通压条	+	+	−	+	−	+	#	+	+	+	10
高空压条	−	#	#	+	+	#	#	+	#	+	50

注：#代表枝条生成新植株；+代表不生根但枝条仍然存活；−代表枝条干枯

8.1.4　结论

8.1.4.1　扦插繁殖

不同地区马槟榔扦插生根成苗率差异较大，与马槟榔自身的生长状态有较大关系。总体上马槟榔扦插成活率不高，可能与插穗本身条件、运送时间、扦插季节等因素有关。马槟榔插穗最适长度为 20～40 cm，较好的扦插基质是红壤土＋河沙（1∶1）。空气相对湿度一般不能低于 70%，扦插后土壤含水量最好稳定在田间最大持水量的 50%～60%。化学物质及外源激素处理以生长素影响较为突出。较好的插穗处理方法为：清水浸泡 1～2 d 以补充水分、去除生根抑制物质，然后使用 0.05 mg/L NAA＋0.1 mg/L H_3BO_3 处理 12 h。

针对广 016 生根的原因，分析主要有以下几点：①清水浸泡促进了马槟榔插穗生根，植物生理生化研究结果表明，植物的生根、发芽、展叶、开花等是通过生长激素来控制的，植物的休眠、落叶、封顶等则是靠一些抑制物质来实现，现在一般认为脱落酸、β-抑制剂、苦艾酸、桂皮酸、绿源酸、咖啡酸、香豆素、酚梭酸类、黄酮类物质及单宁类物质可能是主要的内源抑制剂，这些物质是影响插穗的阻碍物质，它们能使生长素失去活性，有效阻碍插穗不定根形成，对插穗在扦插前用清水适当浸泡或淋洗能起到洗脱插穗体内抑制生根的物质的作用，同时还能补充插穗体内水分，维持插穗活力，对生根有利；②低浓度的生根剂处理能促进马槟榔植物细胞分裂，维管束分化，影响光合产物分配、叶片扩大、茎伸长、形成层活动等，还影响伤口愈合、不定根形成、顶端优势等，但同时会抑制侧枝生长；③采集的样品生长在较阴湿的地方，枝条在自然条件下皮孔开裂较大，边缘已有疑似白色的小愈伤组织，因此生根较好。研究表明，马槟榔生根的原因受样品自身的生长状态影响较大，因为前两个因素在其他地区样品的相同处理下表现并不明显。

8.1.4.2　压条繁殖

在调查过程中，发现野生马槟榔的茎埋入土中可以长出不定根，因此马槟榔的压条繁殖主要采用普通压条和高空压条两种方式。但压条繁殖的最佳时间还有待进一步研究。

8.1.4.3　种子繁殖

马槟榔的种子属于中度或高度顽拗性种子，其发芽率随着存放时间的延长而降低，采摘 72 d 后发芽率降到 0。未晒干种子的萌发率明显高于晒干和烘干的种子，说明马槟榔种子的生命力随着失水程度的增加而减弱。马槟榔种子种皮较厚，对其进行开裂处理有利于种子的快速萌发。激素处理能提高马槟榔种子发芽率并使萌发时间提前，而 GA_3 处理的效果最佳，至少可以提前 5 d 发芽。65℃的温水处理虽然不能使种子提前萌发，但可以提高种子的萌发率。低于 65℃的温水处理对马槟榔种子萌发的影响还需进一步研究。最佳播种基质为河沙＋椰糠，而最佳的育苗基质为红壤土∶火烧土∶农家肥∶河沙 =3∶3∶2∶2 的营养土。

8.2　马槟榔组织培养快繁

8.2.1　外植体的选择

通过预试验，从消毒效果、愈伤诱导、增殖难易等因素分析，选择成熟的新鲜马槟榔种子或未成熟种子作为外植体均可，但成熟的新鲜种子最为适宜。

8.2.2　外植体消毒方法

从表 8-11 可以看出，消毒方法 A 和 B 比较显示：浸泡后去除种皮消毒效果并不理想，褐变率虽较低但污染率较高，分析可能是消毒时间过短所致。C 和 D 比较显示：未浸泡后去除种皮先用乙醇消毒再用升汞消毒并加 1 滴吐温，消毒成功率明显提高，D 是马槟榔阴干种子消毒的较好方法。A、B 与 C、D 比较显示：清水未浸泡的阴干种子消毒效果明显好于浸泡种子，推测应是浸泡时水中菌类进入马槟榔的种皮，造成后续消毒的困难。消毒方法 E 显示：马槟榔未成熟果实消毒效果非常好，也较为简单，成功率高。因此，建议采用方法 E 作为马槟榔种子组织培养的消毒方法，不易得到马槟榔新鲜未成熟或成熟果实时，可采用方法 D 进行马槟榔阴干种子的消毒。对嫩叶、嫩茎进行消毒时，采用 75% 乙醇漂洗 1 min 后，无菌水漂洗 1 次，0.1% 升汞（升汞中加入 1～2 滴吐温）浸泡 10 min，后用无菌水漂洗 2 次，放入 0.1% 升汞再次浸泡 6 min，浸泡期间不时振荡，使外植体与消毒剂充分接触，再用无菌水清洗 4 次，此方法效果也较好，其污染率、褐化率都较低。

表 8-11　不同消毒方法对马槟榔种子和未成熟胚消毒效果的影响　　　　单位：%

消毒方法	污染率	褐变率	存活率
A	80.0	6.7	13.3
B	90.0	3.3	6.7
C	63.3	6.7	30.0
D	36.7	10.0	53.3
E	3.3	0.0	96.7

8.2.3　不同培养基对愈伤组织形成的影响

随着 BA 浓度在一定范围内的逐渐增加，愈伤组织形成速度逐步加快，而这一规律在黑暗培养时更明显。在此基础上添加一定量的 NAA 会使产生的愈伤组织变得疏松，但浓度过高易诱导芽的形成。种子萌发形成上胚轴和下胚轴，分别切取上胚轴和下胚轴作为外植体，结果发现应用下胚轴作为外植体较上胚轴外植体易形成愈伤组织，在一定条件下上胚轴诱导的愈伤组织容易形成丛生芽。研究发现，将马槟榔胚轴放置在低浓度 NAA 培养基上可以诱导产生丛生芽。叶片、叶柄和叶脉较表皮和叶肉易形成愈伤组织，但叶片、叶柄和叶脉形成白色体积较小的愈伤组织，不易分化产生芽。因此，马槟榔愈伤组织的诱导宜使用培养基 MS＋6-BA 5.0 mg/L＋NAA 0.5 mg/L，外植体宜选用胚轴而不是叶片（表 8-12）。

表 8-12　不同培养基对马槟榔愈伤组织形成的影响

培养基	愈伤速度	种子		叶片	
		上胚轴	下胚轴	叶柄、叶脉	表皮、叶肉
MS＋6-BA 1.0 mg/L	非常缓慢	白色、紧密干燥的愈伤组织		白色、疏松的愈伤组织	没有愈伤
MS＋6-BA 3.0 mg/L	缓慢	白色、紧密干燥的愈伤组织		白色、疏松的愈伤组织	没有愈伤
MS＋6-BA 5.0 mg/L	一般	形成愈伤组织较下胚轴慢	白色或绿色、紧密有光泽的愈伤组织	白色、疏松的愈伤组织	没有愈伤
MS＋6-BA 5.0 mg/L＋NAA 0.1 mg/L	一般	绿色、不甚紧密	在顶端有出芽的迹象	白色、疏松的愈伤组织	没有愈伤
MS＋6-BA 5.0 mg/L＋NAA 0.5 mg/L	黑暗中较快，光照下较慢	会产生丛生芽，排列整齐成一线型，4～5 个，乳白色	愈伤较好、较快，白色、不甚紧密，上部干燥下部潮湿	白色、疏松的愈伤组织	边缘褐化，没有愈伤，黑暗培养中有愈伤迹象

8.2.4　光照对愈伤组织和丛生芽形成的影响

愈伤组织在黑暗时形成速度较光照时明显加快，且形成的愈伤组织疏松、湿润、有光泽，利于丛生芽的诱导，因此诱导愈伤时宜采用暗培养；虽然丛生芽在黑暗培养条件下生长较快，但再生能力不强，不利于下一步的增殖和生根培养，所以宜在光照条件下进行诱导丛生芽。具体实验结果如表 8-13、图 8-3 所示。

表 8-13　光照对马槟榔愈伤组织和丛生芽形成的影响

处理	愈伤组织		丛生芽（1 个月）		
	愈伤速度	形态	芽长 /cm	颜色	粗壮程度
光照（12 h/d）	一般	淡绿色、紧密、干燥的愈伤组织	1～2	绿色有光泽	粗壮，较多
黑暗	快	白色或绿色、疏松、湿润的愈伤组织	2～3	淡绿色	长势不旺盛

图 8-3　马槟榔组织培养组图

A. 种子胚诱导愈伤；B. 诱导丛生芽；C. 诱导生根；D. 组培苗生根；E. 瓶苗底面近照

8.2.5　不同培养基对丛生芽增殖的影响

随着 NAA/6-BA 比值的增大，马槟榔愈伤组织产生的丛生芽数目逐渐增加，增殖倍数加大，培养基 MS＋6-BA 1.0 mg/L＋NAA 0.5 mg/L 增殖倍数有的高达 15 倍，且增殖的小芽粗细均匀、生命力旺盛。NAA 含量少时，虽产生的丛生芽粗壮，但增殖倍数较小，适合丛生芽的诱导却不适合大规模的增殖。研究表明，当丛生芽增殖到一定代数后，会有少量的丛生芽生命力逐渐减弱，逐渐变黄或死去，具体原因尚不明确。结果如表 8-14、图 8-3 所示。

表 8-14　不同培养基对马槟榔丛生芽增殖的影响

培养基类型	增殖倍数	丛生芽生长状态
MS＋6-BA 1.0 mg/L ＋ NAA 0.5 mg/L	5～15	丛生芽分化较好，数量较多，粗细均匀，但稍偏细
MS＋6-BA 5.0 mg/L ＋ NAA 0.1 mg/L	5～8	芽长 1.5～2.0 cm，绿色，纤细羸弱
MS＋6-BA 5.0 mg/L ＋ NAA 1.0 mg/L	3～5	光照下生长较好，芽绿色，粗壮；黑暗处理下，芽淡绿色，生命力不旺盛

8.2.6　不同培养基对丛生芽生根的影响

马槟榔为木质藤本植物，其丛生芽较难生根。将马槟榔无根苗接种到几种马槟榔同科植物生根较好的培养基上，效果均不理想。我们设计了添加一定量的活性炭、椰汁及新型激素 TDZ 的生根培养基，但这些培养基诱导生根的效果均不好（表 8-15、图 8-3），因此这方面的研究还需要继续探索。

表 8-15　不同培养基对马槟榔芽生根的影响

培养基类型	生根数	小苗生长状况
1/2 MS + NAA 0.3 mg/L	0	未生根，小苗叶片发黄
1/2 MS + TDZ 0.1 mg/L	0	未生根，小苗叶片发黄
MS + NAA 0.5 mg/L	0	未生根，小苗叶片发黄
MS + IBA 1.0 mg/L +活性炭 100 mg/L	0	基部产生约 1 cm^2 的愈伤组织，未生根，叶片发黄
MS + IAA 1.0 mg/L + 10% 椰汁	0	未生根，小苗叶片发黄
MS +6-BA 1.0 mg/L + NAA 0.5 mg/L	0	诱导丛生芽时在胚根处有白色根状物生出，较硬

8.2.7　结论

8.2.7.1　马槟榔初始外植体的选择和消毒方法

马槟榔组织培养宜选用新鲜的未成熟或成熟果实，或阴干的种子作为外植体。然后根据不同的外植体采用不同的消毒方法。对于阴干的种子先用 70% 乙醇消毒 1 min，然后用 0.1% 升汞消毒 20 min，去掉种皮，70% 乙醇消毒 30 s，0.1% 升汞消毒 12 min，为增加消毒效果在 0.1% 升汞中添加 1 滴吐温，无菌水清洗 4～5 遍后接种。对未成熟胚采用的消毒方法：将未成熟果实刷洗干净后，70% 乙醇喷洒消毒，而后在 70% 乙醇中浸泡消毒 2 min，无菌水清洗 1 遍，转入 0.1% 升汞中，加吐温 2 滴，消毒 20 min，无菌水清洗 3～5 遍，剥出白色、晶莹的未成熟胚，0.1% 升汞消毒 2 min，无菌水清洗 4 遍后接种。

8.2.7.2　马槟榔愈伤组织最佳诱导培养基和外植体

根据本研究结果，马槟榔愈伤组织诱导培养基为 MS＋6-BA5.0 mg/L，最佳的诱导外植体宜选用胚轴。

8.2.7.3　马槟榔丛生芽的诱导和增殖

马槟榔丛生芽的诱导和增殖宜在光照下进行，最佳诱导培养基为 MS＋6-BA 5.0 mg/L＋NAA 1.0 mg/L，最佳增殖培养基为 MS＋6-BA 1.0 mg/L＋NAA 0.5 mg/L。

8.2.7.4　马槟榔丛生芽的生根

马槟榔为木质藤本植物，其组织培养的无根苗较难生根。本研究设计试验了包含不同的基础培养基、不同的激素组合及有机添加物的生根培养基来诱导无菌苗的生根，但效果均不理想。马槟榔丛生苗的生根有待进一步研究。

8.3　马槟榔人工栽培研究

8.3.1　槟榔地间种马槟榔的成活率及其长势

试验得知，马槟榔在槟榔地初种成活率较高，在 95% 以上，但随着栽培时间的延长，其存活率逐年下降，病虫害逐渐加重。这表明马槟榔的成活率下降与病虫害的加重相关。实地观察发现，试验地的马槟榔因地势不同，其存活率差异较大，将试验地按水平线从中间划分为坡上部分和坡下部分进行统计，坡上部分存活率为 86.7%～100%，坡下部分为 58.9%～84.4%。在长势方面，包括藤长、茎粗、分枝数等都有影响。另外，分枝数随树龄的增加而增多，3 龄树比 2 龄树多 3～5 倍。病虫害情况总体随着栽培时间延长而加重。结果如表 8-16、图 8-4 所示。

表 8-16　马槟榔与槟榔间种存活率及坡度对其生长影响统计表

处理	年份及存活率	成活植株	藤长 /cm	茎粗 /cm	分枝 / 条	病虫害
坡上部分	2006 年 /100%	30	47	0.8	2	⊕
		30	49	0.8	3	⊕
		30	47	0.9	4	⊕
	2007 年 /97.8%	30	237	1.8	6	⊕
		28	225	1.9	8	⊕
		30	245	2.2	9	⊕⊕
	2008 年 /86.7%	28	519	3.9	24	⊕⊕
		25	535	4.2	24	⊕
		25	550	4.5	26	⊕⊕
坡下部分	2006 年 /84.4%	26	42	0.8	2	⊕
		24	40	0.6	2	⊕
		26	50	0.9	3	⊕
	2007 年 /74.4%	22	201	1.4	4	⊕
		22	225	1.7	5	⊕⊕
		23	212	1.6	4	⊕⊕
	2008 年 /58.9%	20	450	3.7	19	⊕⊕
		18	410	3.3	18	⊕⊕
		15	429	3.5	23	⊕

注：⊕代表病虫害危害程度较轻或无虫害；⊕⊕代表病虫害危害较重；⊕⊕⊕代表病虫害危害严重；藤长为每重复中每株选取最长枝测量后求平均值；茎粗、分枝数均为重复组的平均值

8.3.2　不同树龄马槟榔光合速率分析

对广西天峨县玉里乡分布的马槟榔采用传统的干重法进行光合速率测试，得知其花期光合速率的平均值为 10.057 mg/（h·dm²），而用同样方法对海南人工栽培开花植株进行光合速率测试，其测定值比广西野生植株高 1 倍，为 21.518 mg/（h·dm²）。对海南其他不同树龄栽培植株采用 LI-6400 光合测定仪进行光合速率测定，经

图 8-4　马槟榔与槟榔间种栽培长势组图

A. 马槟榔与槟榔间种栽培；B. 4 年生马槟榔植株

Duncan 多重比较分析得知，49 个月植株的光合速率极显著差异于 3 个月、15 个月、27 个月和 39 个月的植株，3 个月与 39 个月的植株间没有显著性差异，但与 15 个月和 27 个月的植株极显著差异，15 个月与 27 个月的植株间也极显著差异（F 值为 30.73，$P<0.01$）。由此说明，马槟榔在苗期时光合速率较大，苗期后开始下降，至第 3 年进入生长旺季。结果如表 8-17、表 8-18 所示。

表 8-17　不同树龄马槟榔光合速率测试统计表　单位：$mg/(h \cdot dm^2)$

植株编号	3 个月	15 个月	27 个月	39 个月	49 个月
1	12.50	5.79	8.23	8.54	11.20
2	12.50	5.72	8.16	8.49	11.30
3	12.50	5.82	8.19	8.54	11.10
4	12.70	5.42	7.91	9.24	11.50
5	12.60	5.37	7.89	9.68	11.50
6	12.70	5.38	7.81	10.30	11.50
7	11.30	8.42	6.23	10.50	13.80
8	11.30	8.49	6.22	10.50	13.80
9	11.30	8.52	6.24	10.50	13.80
10	8.60	8.43	10.80	12.20	13.50
11	8.58	8.39	10.80	12.10	13.70
12	8.55	8.45	10.90	12.10	13.80
13	11.10	8.21	11.10	10.40	13.30
14	11.10	8.00	11.10	10.40	13.30
15	11.20	8.01	11.20	11.10	13.30
平均	11.24	7.23	8.85	10.31	12.69
标准差	1.52	1.40	1.93	1.25	1.15

表 8-18 不同树龄马槟榔光合速率方差分析结果表

	3 个月	15 个月	27 个月	39 个月	49 个月
光合速率	11.24±1.52 Bb	7.23±1.40 Dd	8.85±1.93 Cc	10.31±1.25 Bb	12.69±1.15 Aa

注：Duncan 法多重比较，大写字母表示 $P<0.01$，极显著水平；小写字母表示 $P<0.05$，显著水平

8.3.3 不同树龄马槟榔叶绿素含量分析

人工栽培马槟榔叶绿素含量在同株不同部位叶片的含量不同，上部叶片叶绿素含量比下部低。幼苗期（3 个月）叶片叶绿素含量较高，比 1 年生、2 年生植株叶片叶绿素含量高，比 3 年生植株上部叶片叶绿素含量高，但又低于 3 年生植株下部叶片叶绿素含量。1、2、3 龄树相互比较，其叶绿素含量总体逐年上升，3 年植株含量增长尤快（表 8-19、图 8-5）。

表 8-19 不同树龄马槟榔叶绿素含量测定统计表　　　　　　　　单位：mg/g

植株编号	3 个月	1 年生		2 年生		3 年生	
		上部叶	下部叶	上部叶	下部叶	上部叶	下部叶
1	50.5	28.9	50.8	31.7	42.7	46.2	76.8
2	57.0	39.5	43.7	44.5	31.8	37.7	60.1
3	45.1	44.6	48.0	45.8	38.8	44.3	68.1
4	46.3	44.1	41.3	35.1	40.6	39.6	73.8
5	50.4	34.8	37.5	29.5	31.3	46.4	70.8
6	47.8	26.1	42.0	32.0	47.0	46.1	70.7
7	44.6	25.6	53.2	29.1	35.2	42.6	59.8
8	39.1	40.0	50.6	36.6	36.9	44.5	61.5
9	32.1	40.5	47.5	45.4	43.6	46.8	63.7
10	50.4	29.9	47.1	39.3	42.3	40.2	70.9
11	53.7	38.0	42.5	37.8	45.8	45.8	58.0
12	43.8	39.5	32.5	33.5	40.2	50.2	61.5
13	50.8	36.2	49.6	35.2	41.1	45.0	63.6
14	55.4	38.6	50.9	41.8	28.6	45.2	63.3
15	46.6	45.9	47.6	37.4	28.9	55.5	67.6
16	54.0	39.2	48.7	30.2	47.4	48.5	71.6
17	47.1	34.9	40.8	42.0	50.4	38.2	64.3
18	52.2	38.3	38.0	38.7	46.4	45.7	68.5
19	38.7	39.6	41.9	43.6	57.3	42.8	69.0
20	46.1	40.1	42.3	38.7	55.8	37.6	59.1
平均	47.59	37.22	44.83	37.40	41.61	44.45	66.14

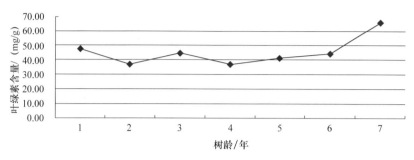

图 8-5 不同树龄马槟榔叶绿素相对含量变化曲线图

8.3.4 结论

通过多年努力，马槟榔在海南成功引种和驯化。现引种植株 1733 株，占地面积 40 余亩，新育幼苗 5000 余株，长势良好。

8.3.4.1 栽培成活率

马槟榔在槟榔地间种成活率高，达到 90% 以上。但随着栽培时间的延长，其成活率逐年下降。我们发现影响马槟榔成活率最重要的因素是地势，地势高的植株成活率较高，在 86.7% 以上，而地势较低的区域成活率降至 58.9%。对死亡植株的根部进行观察，发现其根部发生严重腐烂。我们推测雨季来临时地势较低的下坡积水较多，对马槟榔造成涝害（图 8-6）。

图 8-6 人工栽培马槟榔间种植株死亡组图

A. 死亡植株；B. 长势弱的植株主根已腐烂；C. 主根腐烂新生侧根；D. 根全部腐烂，植株死亡

8.3.4.2　苗龄与叶绿素含量、光合速率的相关性

对不同苗龄马槟榔植株进行光合速率和叶绿素测定，结果发现叶绿素含量与光合速率呈正相关，3 个月幼苗的光合速率和叶绿素含量均比 1、2 龄苗快和高，与 3 龄苗相当。而在 1、2、3 三种龄段植株中，其光合速率和叶绿素含量随着苗龄的增加而增大，3 龄苗的分枝数、叶数、茎长等比 2 龄苗呈倍数增加，因此在海南人工栽培的马槟榔第 3 年即进入营养生长高峰期。

8.3.4.3　植株短蔓化栽培

人工驯化栽培的第一要务是短蔓化栽培。在调查中发现，马槟榔的藤有 50 余米长，如果进行人工栽培，农业生产操作极其不便。因此需要进一步研究马槟榔嫁接技术和短蔓化栽培技术，缩短植株营养生长期，提早开花结果，并使植株易于采果和管理。

第 9 章 马槟榔的病虫害

在野外调查、人工繁育和栽培过程中，发现马槟榔有多种昆虫危害和病原菌侵染的现象：虫害有 8 种，如鹤顶粉蝶（*Hebomoia glaucippe* L.）、菜粉蝶（*Pieris rapae* L.）、卷叶螟（Pyralidae）、天牛（Cerambycidae）等；病害有 2 种，一种是为害叶片的炭疽病，另一种是为害茎干的茎腐病，后者可使马槟榔整株死亡。因此要产业化发展马槟榔，必须掌握其病虫害的发生规律。

9.1 马槟榔的虫害

9.1.1 调查的材料与方法

9.1.1.1 调查地点

中国热带农业科学研究院品种资源研究所基地（下文简称品资所基地）、琼海市阳江镇马槟榔基地（下文简称琼海马槟榔基地）、海南大学农学院基地（下文简称农学院基地）、广西天峨县野生马槟榔居群。

9.1.1.2 调查时间

2007 年 12 月～2009 年 6 月，其中，品资所基地与农学院基地间隔进行，约每 10 d 1 次，共计 40 次；琼海马槟榔基地每半年 1 次，共计 4 次；广西天峨县分别于 2008 年 3 月和 2008 年 11 月各 1 次，共 2 次。

9.1.1.3 调查对象

马槟榔及周边伴生植物等。

9.1.1.4 调查方法

随机抽查叶片、叶柄、树枝、树干及树根。发现有为害状时，仔细观察叶片的正、反面，叶柄、树枝、树干及树根的表面，发现活虫或昆虫尸体将其放进试管带回实验室；对钻蛀性害虫用镊子伸入里层或用灌水等方法找出虫体放入试管带回实验室；对具飞行能力或不易捕获的昆虫使用捕虫网捕捉。对带回实验室的标本，根据其为害状及特征，对照工具书进行初步鉴别；对暂时不能判断的活体幼虫，也可采用室内饲养的方法，获得成虫标本后根据成虫特征进行判断。

9.1.1.5　记载方法

按危害程度进行分级记载，分级方法如下。

1）偶尔可见，危害程度小或几乎不造成危害：＋。

2）1/3 的调查次数可见，危害程度较小：＋＋。

3）2/3～1 的调查次数可见，危害程度较重：＋＋＋。

4）普遍发生，虫量大，危害程度重：＋＋＋＋。

9.1.2　调查结果

通过野外调查研究，发现为害马槟榔的昆虫共 8 种。通过进一步实验室饲养、观察、鉴定，确定了危害较严重的昆虫主要有鹤顶粉蝶、菜粉蝶、潜叶蛾、蚜虫、果实蝇等（表 9-1、图 9-1）。并对以上 5 类害虫的为害状况及程度进行统计分级，发现鹤顶粉蝶、潜叶蛾、果实蝇对马槟榔的危害最重。对其生物学特性进行观察研究，发现鹤顶粉蝶和菜粉蝶的年生活史均可达 8 代，潜叶蛾的高发期在每年的 5～10 月，蚜虫高发期在 4～5 月，果实蝇危害期在马槟榔果实成熟季节，即每年的 11 月～次年 1 月。参照以上 5 类昆虫对其他植物的危害防治方法，建议选择农业防治、生物防治和化学防治相结合的方法对马槟榔进行虫害防治。

表 9-1　马槟榔的主要虫害

虫害名称	拉丁文名称	发现地点	危害部位	危害程度
鹤顶粉蝶	*Hebomoia glaucippe* L.	品资所基地 农学院基地 琼海马槟榔基地	叶片	＋＋＋＋
菜粉蝶	*Pieris rapae* L.	品资所基地 农学院基地 琼海马槟榔基地	叶片	＋＋＋
潜叶蛾	*Lyonetia* sp.	广西天峨	叶片	＋＋＋＋
蚜虫	*Lipaphis erysimi*	品资所基地 农学院基地 琼海马槟榔基地	叶片	＋＋
果实蝇	*Carpomyia vesuviana* Costa	广西天峨	果实	＋＋＋＋
未知一		广西天峨	叶片	＋＋＋＋
未知二		广西天峨	叶片	＋＋＋
未知三		广西天峨	茎秆	＋＋

注：潜叶蛾仅在野生林区发生，按本研究分级方法不能判断，故根据一次观察时的危害面积及程度判定其危害程度；果实蝇为害果实，从广西自然林区采摘的成熟果实有一半以上可见果实蝇危害，故判定其危害程度较严重

图 9-1　马槟榔病虫害组图

A. 野生植株感染茎腐病；B. 栽培植株感染炭疽病；C. 炭疽病原菌的分离纯化；D. 鹤顶粉蝶幼虫；
E. 鹤顶粉蝶蛹羽化后留下的壳；F. 鹤顶粉蝶的雄、雌成虫；G. 昆虫为害马槟榔幼苗；
H. 昆虫为害马槟榔叶片；I. 昆虫在野生马槟榔叶片上

9.1.2.1　鹤顶粉蝶

（1）形态特征

鹤顶粉蝶（又名赤顶粉蝶、红襟粉蝶，*Hebomoia glaucippe* L.），鳞翅目粉蝶科鹤顶粉蝶属。卵似炮弹形，宽 1.3～1.6 mm，高 2.6～3.2 mm，浅黄色至橙色，表面有隆起的纵脊线，散产于寄主植物叶面。4 龄和 5 龄幼虫绿色，胸部两侧有红色及蓝色的眼状突起，横皱纹环节明显，每一环节上隐约可见许多黑点，腹面两侧每个环节上有一白点，形成 2 条白色虚线。酷似青蛇，拟态逼真。蛹早期绿色，近羽化前呈黄色，长 2.3～2.8 cm，宽 0.8～1.0 cm；头部有一突出，似叶柄；体的前半部粗，多棱角，后半部瘦削，侧面看似一片树叶。成虫翅展7.5～11.0 cm。雄蝶翅表白色，前翅前缘及外缘黑色，自前缘 1/2 处至外缘近后角处有黑色锯齿状斜纹，围住顶部三角形赤橙色斑，斑被黑色脉纹分割；室内有 1 列黑色箭头纹；后翅外缘脉端有黑箭头纹。雌蝶的翅黄白色，散布有黑色鳞粉，后翅外缘、亚缘各有 1 列明显的黑色箭头纹。前翅的黑区已变为褐红色的晕和线，后翅位于肩线上有 1 条状似植物叶的主脉，翅内布满长短不一的褐色线和点，乍看酷似树叶（图 9-2）。

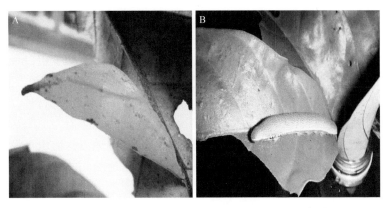

图 9-2　鹤顶粉蝶蛹（A）与鹤顶粉蝶 5 龄幼虫（B）

（2）分布

国内分布于福建、广西、广东、云南、海南、台湾，国外分布于印度、缅甸、不丹、尼泊尔、孟加拉国、斯里兰卡、印度尼西亚、菲律宾等。鹤顶粉蝶是广州地区体型最大的粉蝶，在 10～12 月数量较多，而此时凤蝶类数量较少，于是鹤顶粉蝶成为供给蝴蝶园展出的重要品种。目前国内对于鹤顶粉蝶的研究相对较少，在广州和台湾鹤顶粉蝶都被作为一种观赏性经济蝶类，尚未有把其作为害虫防治的文献记载。

（3）发生规律

鹤顶粉蝶成虫在广州地区每年 3 月始见，10～12 月最多，12 月底开始以蛹越冬，1 年可发生 8 代，有世代重叠现象，幼虫蜕皮 4 次共 5 龄。在海南，以蛹于 12 月末在杂草、砖石、土块、残枝落叶等处越冬。翌年 2 月中下旬羽化，出现成虫，因蛹越冬的场所较为分散，环境条件差异较大，越冬蛹羽化时间各不相同，造成世代重叠严重。鹤顶粉蝶从孵化到 5 龄幼虫，每个龄期之间约间隔 3 d，从 5 龄幼虫到化蛹约需要 6 d，从化蛹到羽化约需要 10 d，羽化时间大多在早晨 7～9 点，在观察中偶见于夜间 12 点左右羽化，尚不明原因。

（4）危害

鹤顶粉蝶幼虫主要取食马槟榔的叶片，大多从叶片的远端边缘向内取食，取食缺口呈手撕状或微锯齿状。首先取食嫩叶，在其暴食期嫩叶不足时，也会取食老叶，造成大面积缺刻。危害程度非常严重，鹤顶粉蝶幼虫体型大，食量相对也较大，特别是其化蛹前期的暴食期，幼虫迅速爬动取食，每头幼虫每天平均取食叶面积超 50 cm^2，很多叶片被吃掉 2/3 以上。鹤顶粉蝶是为害马槟榔最严重的昆虫之一。

（5）综合防治

1）生物防治。可利用天敌来防治鹤顶粉蝶的卵及幼虫，卵期的天敌主要是寄生蜂，卵的寄生率达 45%。幼虫期的天敌主要是蚂蚁、猎蝽及各种病原菌、病毒等，其中蚂蚁为主要天敌。

2）农业防治。鹤顶粉蝶的幼虫体型很大（特别是在其化蛹前的暴食期），且体侧有黑色间红色的点，易于发现，可进行田间捕获灭杀，减少虫口量。鹤顶粉蝶自然条件下化蛹地点多在草堆、沟壑等隐蔽处，定期清除田间杂草可控制其数量。

3）化学防治。在成虫产卵高峰后一周至 3 龄幼虫占 50% 左右时，根据田间卵量、幼虫发生量及气候、天敌寄生等情况，可考虑药剂防治。琼海马槟榔基地是目前仅有的对为害马槟榔的鹤顶粉蝶进行药剂防治的地方，但由于没有关于鹤顶粉蝶防治措施的研究报道作为参考，琼海马槟榔基地的相关植保人员仅依据菜粉蝶的防治方法对其进行防治，用药量适当加大。因鹤顶粉蝶体型较大，在使用农药时需考虑使用触杀、内吸双重作用的药剂，同时应尽量选择低残留、安全的药剂，除了使用阿维菌素、甲维盐、毒死蜱这些广谱性杀虫剂以外，康宽、普尊、茚打等特效杀虫剂也可考虑。

9.1.2.2　菜粉蝶

（1）危害

菜粉蝶（*Pieris rapae* L.）低龄幼虫皆停留在马槟榔叶面剥食叶肉为害，形成窗斑，稍大后开始蚕食叶片，形成孔洞和缺刻。危害程度较大，严重时较嫩叶片可被全部吃光。菜粉蝶一次产卵上百粒，虽然其幼虫较鹤顶粉蝶小，但一旦发生数量要比鹤顶粉蝶多得多，所以也是马槟榔种植大田化的严重威胁（图 9-3）。

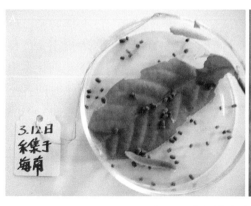

图 9-3　菜粉蝶的幼虫（A）与蛹（B）

（2）生物学特性

成虫体长 12～20 mm，体灰黑色，翅展 45～52 mm，翅白色，翅基、前翅前缘灰黑色，前翅顶角有三角形黑斑。雌虫前翅中外方有 2 个黑色圆斑，前翅正面基部灰黑色部分约占翅面的 1/2，雄虫前翅有 1 个显著的黑色圆斑，前翅正面基部灰黑色部分较少。后翅前缘有 1 个黑斑，展翅后，前后翅黑斑在 1 条直线上；幼虫虫体青绿色，背线淡黄色，体表密生细毛，每节有 5 条横列皱纹，身体两侧沿气门线各有 1 列黄斑。

菜粉蝶在广东和海南一般一年发生 7～8 代，以蛹在树干、杂草、砖石、土块、残枝落叶等处越冬。翌年 3 月初羽化，出现成虫，因蛹越冬的场所较为分散，环境条件差异较大，越冬蛹羽化时间各不相同，越冬代成虫出现时间可长达 1 个月，造成世代重叠严重。幼虫 5～6 月和 8～9 月发生危害，尤以 5～6 月危害严重。成虫白天活动，经常在蜜源植物与产卵寄主间穿梭飞翔。卵散产，多产于叶背面，气温低时产在叶正面，平均每头雌虫产卵 120 粒左右，最多达 500 粒。幼虫老熟后在较干燥的环境中化蛹，非越冬代成虫常在植株底部、老叶背面或叶柄处化蛹并吐丝，将蛹体缠结于附着物上，而越冬代老熟幼虫则爬至高燥、不易进水处化蛹越冬。温度 20～25℃、相对湿度 76% 左右最适于幼虫的发育，温度高于 32℃、相对湿度 68% 以下时，幼虫大量死亡，故春、秋季危害严重。

（3）综合防治

1）生物防治。①保护蜘蛛、瓢虫等天敌，人工释放粉蝶金小蜂，尽量少用或不用农药，尤其是广谱性杀虫剂；②幼虫 2 龄前，可用 20% 米满或 25% 灭幼脲 3 号 1000～2000 倍液，或 Bt 500～1000 倍液，或 1% 杀虫素乳油 2000～2500 倍液，或 0.6% 灭虫灵乳油 1000～1500 倍液等喷雾；③用 0.2% 菜青虫体液水溶液防治。

2）农业防治。①结合积肥，将田间枯叶、残株和杂草集中沤肥或烧毁，消灭其中隐藏的幼虫和蛹；②化蝶前和孵化后，人工捕杀蛹和幼虫，产卵前用捕虫网捕杀成虫。

3）化学防治。低毒化学杀虫剂防治，施药应在 2 龄之前。可选 90% 敌百虫、5% 百树得或 48% 乐斯本 1000 倍液，45% 绿百事 1000～1500 倍液，2.5% 菜喜悬浮剂 1000～1500 倍液，5% 锐劲特悬浮剂 2500 倍液，50% 辛硫磷 1000 倍液，5% 抑太保 1500 倍液等喷雾防治。注意应于早晨或傍晚，在植株叶片背面、正面均匀喷药，并交替使用相关药剂。由于施药的广泛性和大田性，类似于锐劲特这种进口昂贵的药剂应尽量少使用，以降低成本。

9.1.2.3　潜叶蛾

（1）危害

潜叶蛾（*Lyonetia* sp.）幼虫取食叶片表皮下叶肉，将虫粪产于潜道中，潜痕蜿蜒曲折，呈线性银白色。叶片皱缩，潜道末端向内折起成蛹室。病害严重时，潜痕遍布叶片，严重影响叶片光合作用，导致叶片提前脱落。危害程度严重，在广西天峨的野外调查中发现，该虫害大面积发生，同片区马槟榔植株的叶片往往同时发病，导致叶片大面积提前脱落，严重影响马槟榔果实的产量（图 9-4）。

（2）生物学特性

1）形态特征。幼虫浅黄色，老熟幼虫体长约 6 mm。体表光滑，足退化，头及胸部扁平，体节明显，以中胸及腹部第三节最大，向后渐次缩小，头部窄小，

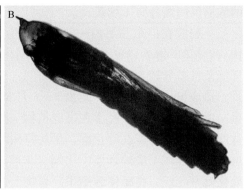

图9-4 潜叶蛾的为害状（A）与蛹（B）

口器向前方突出。蛹淡褐色，长3.5 mm。幼虫化蛹前在潜道末端吐丝将叶向内折1 mm左右，做成蛹室潜于其中化蛹。最后一代幼虫在被害叶内化蛹越冬。成虫全体银白色，体长3.5 mm，翅展6～8 mm。复眼黑色，触角密被银白色鳞片，基节大而宽，前翅中央有两条褐色纵纹，其间呈金黄色，后翅窄长，先端渐细，缘毛细长呈灰白色，腹部与体色相同。

2）发生规律。每年的5～10月为该虫害的高发期，11月以后开始越冬[1]。

（3）综合防治

1）生物防治。卵期释放赤眼蜂防治。潜叶蛾产卵初期，每公顷50个放蜂点，放蜂量25万～150万头。

2）农业防治。越冬期是农业防治的有利时机。秋季落叶后，在虫害发生严重的地区，无论是片林、防护林还是苗圃，均应扫除落叶、集中烧毁。夏季成虫羽化盛期，苗圃、片林等可应用杀虫灯（黑光灯）诱杀成虫。

3）化学防治。防治潜叶蛾的药剂种类很多，而且在不断地更新换代。可选用潜蛾神威25%乳油800倍液、90%万灵2500倍液加18%杀虫双800倍混合液、18%阿维菌素4000倍液、3%啶虫脒1500倍液、25%溴氰菊酯3000倍液。喷药在黄昏时进行能收到事半功倍的效果[2]。

9.1.2.4 蚜虫

（1）危害

蚜虫（*Lipaphis erysimi*）以若、成蚜群集在马槟榔嫩叶的背面刺吸为害使之卷叶、畸形，并分泌大量蜜露，诱发烟煤病，阻碍光合作用，影响树势，导致落叶、落花和落果，影响产量和品质。危害程度一般，目前发现的蚜虫危害仅针对

---

① 此虫害在调查中仅发生在广西野外生境条件下，在海南人工栽培条件下未见，故其发生规律是向广西当地护林人员和农民调查总结而出，可能稍有偏差

② 目前潜叶蛾仅在野生状态下发现，故未能有实际用药的效果，化学防治参照白杨树潜叶蛾防治的方法

马槟榔叶片，且并未大面积发生，仅部分叶片出现蚜虫危害情况。对马槟榔的生长有一定影响，但危害要远小于鹤顶粉蝶和菜粉蝶（图9-5）。

（2）生物学特性

1）形态特征。无翅胎生雌蚜：体长 1.8～2.2 mm，黄褐色至红褐色，卵圆形，腹部肥大。有翅胎生雌蚜：体长 1.7～2.0 mm，头、胸部黑色，腹部

图9-5　蚜虫（野外生境）

暗褐色，翅透明，前翅中脉有一分枝，腹管退化为环状黑色小孔。有性雌蚜：体长约 1.0 mm，淡黄褐色，头、触角和足均为淡黄绿色，腹部红褐色。有性雄蚜：体长约 0.7 mm，黄绿色，腹部各节中央隆起，有明显沟痕。卵：椭圆形，长约 0.5 mm，初产时橙黄色，后渐变为褐色，表面光滑，外覆一层白粉，较多的一端有精孔突出。若蚜：体黄褐色至红褐色，初龄为扁平圆筒形，大龄为椭圆形，各虫态均覆有白色绵状物，有虫之处犹如覆盖一层白色棉絮。

2）发生规律。我国除海南以外的地区，蚜虫大多在早春开始危害，4～5月蚜虫繁殖最快，是危害最严重的时期。在海南，蚜虫可以常年危害。在温度适宜、气候潮湿的条件下，蚜虫可大量繁殖生长。

（3）综合防治

1）天敌防治。蚜虫有很多天敌，如蚜小蜂、七星瓢虫、异色瓢虫、草蛉等，其中蚜小蜂是一种重要天敌，对蚜虫有较强的抑制作用，每年的 7～8 月份，是蚜小蜂的繁衍寄生高峰期，对蚜虫的寄生率高达 70%～80%，可使蚜虫的种群数显著下降，此期间在马槟榔林间应注意选择药剂及施药方法，以充分保护利用天敌。

2）物理防治。根据有翅蚜的迁飞趋光性，可用黄色粘板诱蚜捕杀，黄板的大小一般为 20 cm×30 cm，插或挂于马槟榔林间。银灰色对蚜虫有较强的忌避性，可在林间挂银灰塑料条。

3）化学防治。马槟榔成林后，药剂防治可能相对比较不易，利用蚜虫的生理趋性是最好的防治措施。常用防治蚜虫的药剂有 10% 吡虫啉可湿性粉剂 3000 倍液，或 10% 氯氰菊酯乳油 2000 倍液，或 80% 敌敌畏乳油 1500 倍液，50% 抗蚜威可湿性粉剂 2000 倍液，或 2.5% 敌杀死乳油 8000 倍液，或一遍净、速灭杀丁等。对有抗药性的蚜虫，可用乐斯本 2000 倍液与 50% 西维因 300 倍液混配后喷雾防治。

9.1.2.5　果实蝇

（1）危害

果实蝇（*Carpomyia vesuviana* Costa）雌性成虫产卵于马槟榔果内皮层，卵孵化后，幼虫随即由内向外在瓤内蛀食，使果实内部局部或全部腐烂并成为糊

状，果实由绿色转为黑色而脱落，完全丧失食用和经济价值。危害程度非常严重，目前对于马槟榔的开发与利用主要集中在果实上，果实一旦被果实蝇危害就失去了经济价值。从 2008 年 11 月在广西天峨采摘的马槟榔果实来看，有超过一半的果实受到果实蝇危害，而且其繁殖生长迅速，是目前马槟榔大田生产的较大挑战（图 9-6）。

图 9-6　果实蝇的蛹（A）与成虫（B）

（2）生物学特性

1）形态特征。卵呈长椭圆形，一端稍尖，另一端较钝圆，中部弯曲，长 1.1～1.5 mm，宽 0.2～0.4 mm，乳白色，肉眼几不可见。成熟幼虫长 14～17 mm，两端近透明，蛆形，体乳白色或淡黄色，口钩黑色。蛹长 9～10 mm，宽约 4 mm，椭圆形，黄褐色。成虫一般体长 10～14 mm，翅展 20～24 mm。

2）发生规律。在广西，发生于每年马槟榔成熟期，即 11～12 月。在海南的情况尚不明确。

（3）综合防治

1）物理防治。①诱捕雄果实蝇。根据果实蝇寄主多、迁飞能力强、交配后终生产卵的特点，可于危害前期在园内悬挂诱捕器，密度为 90～120 个 /hm^2，并把引诱剂滴加在诱捕器的诱蕊纸板上，每 20 d 加滴 1 次。雄虫闻到引诱剂气味，就会寻找并钻进诱捕器内从而被诱杀；而雌虫因没有雄虫可供交配，所产的卵就不能孵化。②马槟榔林间养鸡。果实蝇多在 2～3 cm 深的土层化蛹，鸡不但可以啄食落在地上的烂果和幼虫，也可以啄食土中的虫蛹，降低果实蝇的种群密度。

2）化学防治。在马槟榔林内悬挂果实蝇诱捕器时，要经常观察诱捕果实蝇的情况，如果诱捕器内虫量突然增多，就要及时喷施化学农药，或者结合喷其他农药时加进一些有机磷、菊酯类农药，可以有效防治果实蝇，防治的农药可用 80% 敌敌畏乳油或 48% 乐斯本 1000 倍液，每隔 10～15 d 喷 1 次，果实采收前 20 d 停止用药。

9.1.3　虫害防治与生态环境的关系

9.1.3.1　不同地区不同生境与虫害的关系

在对马槟榔虫害的整个调查过程中，因受马槟榔种质资源的限制，我们对其野外生境与人工栽培生境的调查不是非常全面。在调查过程中发现有的虫害是在野外条件下才有而在人工栽培状态下没有（如潜叶蛾）。虫害的发生还受地域的限制，对于野生状态马槟榔的调查是在广西天峨进行，而对于人工栽培马槟榔虫害的调查是在海南进行，不同的气候条件和地理环境，势必会导致不同的虫害发生情况。

此外，海南的几个基地都有很好的人工管理，可能会使一些种类的虫害甚至是一些对马槟榔危害较大的虫害被漏查，这些是本调查不可避免的局限性。

9.1.3.2　虫害防治过程中的农药残留问题

目前，大力开发马槟榔的主要目的是开发其甜蛋白的价值，马槟榔本身作为一种安全、健康的甜味取代剂，其安全性应该得到保证。那么，在使用化学药剂防治虫害时，必须有一个量的限制，有一个安全的使用指标，必须规范化、合理化地使用农药。

9.1.3.3　害虫与经济昆虫的转化

鹤顶粉蝶作为一种大型的观赏性蝶类，具有很高的经济价值。目前，在马槟榔的大田生产过程中，仅仅把鹤顶粉蝶当成一种害虫来防治是片面的，是否可以把两者有机结合起来，把虫害转化为额外的经济收入？这可以作为一个发展方向与发展模式，希望在以后马槟榔产业的发展中能被重视起来。

9.2　马槟榔叶片病原菌分离鉴定及拮抗放线菌的筛选

调查发现，大田种植的马槟榔病害较多，症状表现为叶片枯萎、茎秆腐烂、植株枯死等。本研究以马槟榔叶片病害为对象，依据柯赫氏法则，对病原菌进行分离、纯化、鉴定、接种、再分离鉴定，获得致病菌并了解其生物学特性。同时研究放线菌对该病菌的拮抗作用，为生物防治提供依据。本研究对马槟榔引种驯化和规模化种植具有重要意义。

9.2.1　材料与方法

9.2.1.1　材料

（1）样品

海南省琼海市阳江镇人工驯化栽培的马槟榔病叶。

（2）试剂

主要试剂有：琼脂粉、葡萄糖、酵母膏、蔗糖、硝酸钠、硫酸镁、氯化钾、硫酸铁、磷酸氢二钾、活性炭。相关培养基名称及配方见表 9-2。

表 9-2　培养基名称及配方

培养基名称	配方
PYA 培养基	马铃薯 200 g＋琼脂 20 g＋葡萄糖 10 g＋蒸馏水 1000 mL＋酵母膏 1 g＋活性炭 0.5 g
YA 培养基	酵母膏 0.9 g＋琼脂 20 g＋蒸馏水 1000 mL
查氏培养基	琼脂 20 g＋蒸馏水 1000 mL＋蔗糖 30 g＋硝酸钠 3 g＋硫酸镁 0.5 g＋氯化钾 0.5 g＋硫酸铁 0.01 g＋磷酸氢二钾 1 g＋琼脂 20 g
PDA 培养基	马铃薯 200 g＋蒸馏水 1000 mL＋葡萄糖 20 g＋琼脂 20 g
C-PDA 培养基	马铃薯 200 g＋葡萄糖 20 g＋琼脂 20 g＋活性炭 1 g＋蒸馏水 1000 mL
WA 培养基	琼脂 20 g＋蒸馏水 1000 mL
高氏一号	可溶性淀粉 20 g＋硝酸钾 1 g＋磷酸氢二钾 0.5 g＋硫酸镁 0.5 g＋氯化钾 0.5 g＋硫酸亚铁 0.01 g＋琼脂 20 g＋蒸馏水 1000 mL，pH7.0～7.2

（3）仪器

摇床，光照培养箱，恒温培养箱，显微镜，照相机，超净工作台，高压灭菌锅，电子天平，pH 仪，微波炉，电热炉。

9.2.1.2　方法

（1）田间症状观察及分离

对田间发病植株进行调查，对发病植株的症状进行观察记录、拍照。采取带病斑的叶片，在无菌操作下剪取病健分界处 5 mm×5 mm 大小叶片，对从病区采集的叶尖发病部位进行常规组织分离（75% 乙醇 10 s→0.1% 升汞 5 min→无菌水洗 4 次→PDA 培养基平板培养），于室温 25℃，12 h 光照 /12 h 黑暗交替培养。

（2）病原菌的鉴定

1）培养性状观察。供试菌株接种于 PDA 培养基上培养 7 d 后，用打孔器从菌落边缘打取菌碟（直径 8 mm），将有菌丝的碟面朝下接种于 PDA 平板上，置于 25℃下，12 h 光照 /12 h 黑暗交替培养。每菌株 3 个重复，逐日观察并记录菌落大小、形态、生长情况和颜色变化。

2）致病性测定。

a. 离体检测。将经表面消毒（放于 75% 乙醇中浸 10 s）和未经表面消毒的健康马槟榔叶（表面无任何症状、无机械损伤），分别放置于铺有含水量为 100% 吸水纸的瓷盘中。将供试菌株接种于 C-PDA 培养基上，培养 7 d 后分别取菌落边缘的菌碟（直径 8 mm），有菌丝的碟面朝下接种于上述马槟榔叶背面上，每片马槟榔叶分 3 个接种点［一个点用无菌手术刀切"十"字形伤口，一个点不损伤，另一个点接种无菌 C-PDA 培养基（直径 8 mm）为空白对照］，重复 3 次，于 28℃ ±2℃下培养 5～8 d 后观察发病情况。从接种发病叶片上重新分离病原菌，并对纯化后的病原菌进行鉴定。

b. 活体检测。将供试菌株接种于 C-PDA 培养基上，培养 7 d 后分别取菌落边缘的菌碟（直径 5 mm），有菌丝的碟面朝下接种于经表面消毒（于 75% 乙醇中浸 10 s）的健康（生长在活体上，表面无任何症状、无机械损伤）马槟榔叶背面上，每片马槟榔叶的 3 个接种点呈三角形分布［一个用无菌手术刀切去表层组织，大小和菌碟相似，接病原菌菌碟；一个点损伤，接种无菌 C-PDA 培养基（直径 8 mm）；另一点不损伤接种无菌 C-PDA 培养基（直径 8 mm）为空白对照］，重复 3 次，在常温下培养 5～8 d 后观察发病情况。从接种发病叶片上重新分离病原菌，并对纯化后的病原菌进行鉴定。

3）形态学观察。供试菌株接种于 PDA 培养基上进行培养。采取两种方法进行观察，一种是插片法，另一种是载片培养法。

a. 插片法。

倒平板：熔化 PDA 琼脂培养基，冷却至 50℃倒平板。平板宜厚些（利于插盖玻片，每皿倒入 20 mL 培养基），冷凝待用。

先接种后插片：用接种环以无菌操作法从平板菌种上取少量孢子，在平板上划 3 条平行线，然后以无菌操作法在接种线处插入无菌盖玻片（约 45 度倾斜插入，深度约为盖玻片的 1/3）即可。

培养：倒置培养。

镜检：用镊子小心取出盖玻片，并将其背面附着的菌丝擦净。然后将盖玻片无菌丝体的面放在洁净的载玻片上，用低倍镜、高倍镜或油镜观察，并与《真菌鉴定手册》的图示及描述进行比较。

b. 载片培养法。

准备湿室：在培养皿底铺等大的滤纸，其上放一玻璃搁架、一块载玻片和两块盖玻片，盖上皿盖，其外用纸包扎后，121℃湿热灭菌 20 min，然后置于 60℃烘箱中烘干，备用。

熔化培养基：将试管中的马铃薯葡萄糖琼脂培养基加热熔化，然后置于 60℃保温，待用。

整理湿室：以无菌操作法用镊子将载玻片和盖玻片放在搁棒上的合适位置。

点接孢子：用接种环挑取少量孢子至载玻片的两个合适位置。

覆培养基：用无菌的滴管吸取少量熔化培养基，滴加到载玻片的孢子上。培养基应滴得圆、整、扁、薄，直径为 0.5 cm。

加盖玻片：用无菌镊子取一片盖玻片仔细盖在琼脂培养基上，防止气泡产生，然后均匀轻压，务必使盖玻片与载玻片间留下 1/4 mm 间隙。

保湿培养：每皿倒入 3 mL 20% 的无菌甘油以保持培养湿度，然后置于 25℃恒温培养。10 h 后即可不断观察孢子萌发、菌丝伸展、分化等过程。

详细镜检：从湿室中取出载玻片标本，置于低倍镜、高倍镜或油镜下观察营养菌丝、气生菌丝和产孢子结构的形态及特征性构造。挑取培养物在普通光学显微镜下观察分生孢子及分生孢子盘、分生孢子梗的形态特征，有无刚毛、菌核，是否形成有性世代等。

（3）生物学特性

1）不同培养基对病原菌的影响。将直径 8 mm 的病原菌菌丝块接种于 PYA、YA、查氏、C-PDA、PDA、WA 6 种培养基上，在 25℃下培养。每个处理 3 皿，重复 3 次，逐日观测菌落直径、厚度。

2）不同 pH 对病原菌的影响。用 1 mol/L NaOH 和 1 mol/L HCl 将 C-PDA 培养基调成 pH 2、4、6、8、10、12 共 6 个梯度，接种直径 8 mm 的病原菌菌丝块于平板中央，25℃下培养，每个处理 3 皿，重复 3 次，逐日测菌落直径，观察颜色，5 d 后拍照，记录比较结果。

3）不同温度对病原菌的影响。将直径 8 mm 的病原菌菌丝块接种于 C-PDA 平板中央，置于 5℃、10℃、15℃、20℃、25℃、30℃、35℃、40℃ 8 个不同温度处理下培养，每处理 3 皿，重复 3 次，逐日测菌落直径，观察菌落厚度、颜色，5 d 后拍照，记录比较结果。

4）不同光照条件对病原菌的影响。将直径 8 mm 的病原菌菌丝块接种于 C-PDA 平板中央，在 25℃下分别置于连续 24 h 光照、12 h 光照 /12 h 黑暗、连续黑暗下培养，共 3 个处理，每个处理 3 皿，重复 3 次，逐日测菌落直径，观察菌落厚度、颜色，5 d 后拍照，记录比较结果。

5）不同碳、氮源对病原菌的影响。采用真菌生理培养基（其配方为氮源 1 g、KH_2PO_4 0.5 g、$MgSO_4 \cdot 7H_2O$ 0.5 g、碳源 5 g、琼脂 20 g、蒸馏水 1000 mL）为基础培养基，以下培养基接种的病原菌菌丝块直径均为 8 mm。

a. 不同碳源对病原菌的影响。以 KNO_3 为氮源，测定淀粉、葡萄糖、蔗糖、麦芽糖、乳糖等对病原菌生长的影响，以 WA 培养基为对照，每个处理 3 皿，重复 3 次，25℃培养，逐日测菌落直径，观察菌落厚度、颜色，5 d 后拍照，记录比较结果。

b. 不同氮源对病原菌的影响。以葡萄糖为碳源，测定 KNO_3、蛋白胨、牛肉膏、酵母膏对病菌生长的影响，以 WA 培养基为对照，每个处理 3 皿，重复 3 次，25℃培养，逐日测菌落直径，观察菌落厚度、颜色，5 d 后拍照，记录比较结果。

（4）拮抗菌株的筛选

采用对峙培养法，测定放线菌对马槟榔致病菌的抑制生长效果，筛选出抑制病原病的拮抗放线菌。制备 C-PDA 平板培养基，分别接种放线菌和病原菌，于25℃培养箱中黑暗培养。待菌落长到直径 3～4 cm 时，用灭菌的打孔器切取同样大小的放线菌和病原菌菌丝块，置于同一平板培养基上，两者间距 2～3 cm。在培养皿背面做好菌落名称、日期等标记。放置于黑暗培养箱中进行对峙培养，7 d 后观察。根据 2 种菌的菌落生长速度、菌落之间有无抑菌带、菌落前缘菌丝是否发生稀疏和萎缩、畸变等现象，判别放线菌的拮抗作用。每种处理 3 个重复，同时设单独接种为对照。放入恒温箱培养，约 7 d 后，分别测量菌落的纵、横半径（共 4 个半径），并做标记，抑制作用采用被抑制率、相对抑菌效果表示。被抑制率＝（单独培养菌落半径－菌落趋向半径）/ 单独培养菌落半径 ×100%。

9.2.2　结果分析

9.2.2.1　马槟榔病害症状

在海南省琼海市阳江镇，病原菌主要为害马槟榔的茎、叶。叶片病斑近圆形、椭圆形和不规则形，边缘褐色至黑褐色，中部颜色较浅，病斑稍凹陷，潮湿时叶正面轮生橘黄色黏质小点，后变黑色。

9.2.2.2　病原菌的培养性状

本试验经组织分离法，成功分离到 6 株真菌，菌落接种 7 d 后生长情况如表 9-3 所示。

表 9-3　马槟榔病原菌的培养性状

		1 号菌	2 号菌	3 号菌	4 号菌	5 号菌	6 号菌
菌落形态	干燥程度	++	++	++++	+++	++	+
	菌丝稀稠度	+++	+++	++++	++++	++++	++
	菌落平均直径/cm	3.87	3.67	7.13	7.57	6.00	4.53
	颜色	中央橘黄色，外围棕色	中央橘黄色，外围棕色	中央灰黑色，外围灰色	中央黑色，外围灰黑色	中央黑色，外围灰黑色	中央黄色，外围浅黄色
菌丝形态							

注：＋＋＋＋最好；＋＋＋较好；＋＋差；＋最差

9.2.2.3　致病性测定

可以看出，用病原菌对马槟榔叶片进行回接，培养 4～6 d 后，5 号菌发病最严重，其次是 4 号菌（图 9-7、图 9-8，表 9-4）。症状与田间观察到的症状相同，同时有伤接种点发病，无伤接种点不发病，而对照和 2 号菌不发病，从发病的病斑进行常规分离又再次获得该菌，符合柯赫氏法则。由此证明分离的 4 号和 5 号菌就是病原菌。

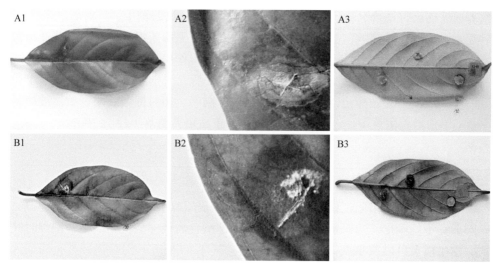

图 9-7 离体进行致病性测定

A1、B1. 4号、5号菌致病性整体效果；A2、B2. 4号、5号菌对刺伤叶片正面致病性近照；

A3、B3. 4号、5号菌对叶片背面致病性整体效果

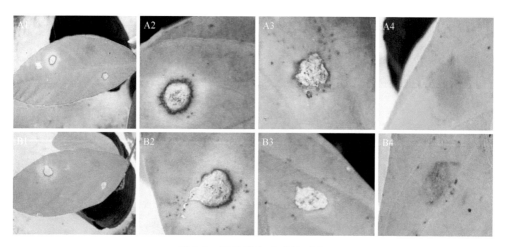

图 9-8 活体进行致病性测定

A1、B1. 4号、5号菌致病性整体效果；A2、B2. 4号、5号菌对刺伤叶片正面致病性近照；A3、B3. 空白对

照分别对刺伤的叶片正面致病性整体效果；A4、B4. 空白对照分别对不刺伤的叶片正面致病性整体效果

表 9-4 马槟榔病原菌致病性测定

菌株	马槟榔叶发病情况	
	刺伤	不刺伤
对照	—	—
1号菌	+	—

续表

菌株	马槟榔叶发病情况	
	刺伤	不刺伤
2 号菌	—	—
3 号菌	＋＋	—
4 号菌	＋＋＋	—
5 号菌	＋＋＋＋	—
6 号菌	＋＋	—

注：＋＋＋＋最好；＋＋＋较好；＋＋差；＋最差；—不能生长

9.2.2.4　形态学观察

通过致病性实验可以得出 4、5 号菌具有致病性，4 号菌在 C-PDA 上生长比 5 号快，1～2 d 即可形成肉眼可见的菌落，中央灰色，外围灰黑色，灰白色菌丝，绒毛状，背面中央灰色，外围灰黑色分生孢子单孢，无色、长椭圆形或圆柱状。有菌丝附着孢及分生孢子的附着孢，分生孢子盘（图 9-9），无刚毛，不生菌核（图 9-10）。根据《真菌鉴定手册》可以推断该菌为半知菌类黑盘孢目（Melanconiales）黑盘孢科（Melanconiaceae）盘长孢属（*Gloeosporium*）真菌。5 号菌在 C-PDA 上生长快，2～3 d 即可形成肉眼可见的菌落，灰白色菌丝，绒毛状，背面灰色，正面和背面均可见同心轮纹，分生孢子单孢，无色、椭圆形或圆柱状。有菌丝附着孢，分生孢子盘，无刚毛，不生菌核（图 9-11）。根据《真菌鉴定手册》可以推断该菌为半知菌类黑盘孢目黑盘孢科盘长孢属真菌。

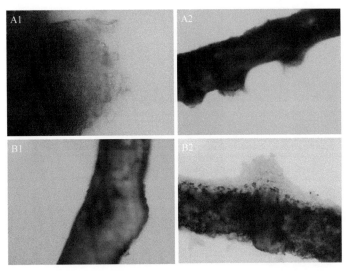

图 9-9　活体进行致病性测定的分生孢子盘纵切图

A1、A2. 4 号菌分生孢子盘在不同时期的切面图；B1、B2. 5 号菌分生孢子盘在不同时期的切面图

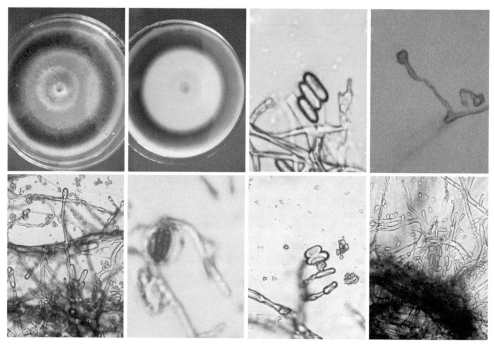

图 9-10　4 号菌的形态学观察

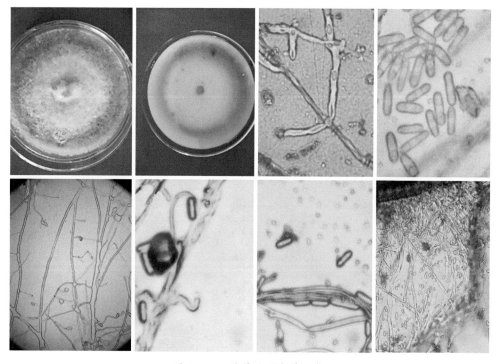

图 9-11　5 号菌的形态学观察

9.2.2.5　生物学特性

（1）不同培养基对病原菌的影响

4、5 号菌在不同培养基上的菌落生长及产孢以 C-PDA 最好，PYA、PDA 次之，WA 最差。4 号菌比 5 号长势好，在 C-PDA 上 2～3 d 出现灰白色、绒毛状菌落，3～4 d 即可产孢。结果如表 9-5、图 9-12 所示。

表 9-5　不同培养基对病原菌的影响

培养基	4 号菌			5 号菌		
	菌丝生长	菌落颜色	菌落平均直径 /cm	菌丝生长	菌落颜色	菌落平均直径 /cm
YA	++	白色	4.40	++	白色	4.13
C-PDA	++++	灰白色	7.10	++++	灰黑色	5.93
PYA	+++	灰白色	6.30	+++	灰白色	5.43
查氏	++	白色	4.33	++	白色	4.07
PDA	+++	灰白色	6.03	+++	灰白色	5.53
WA	+	白色	3.43	+	白色	3.00

注：++++最好；+++较好；++差；+最差，接种 5 d 后记录

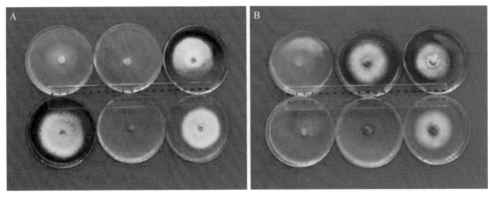

图 9-12　病原菌在不同培养基上的生长情况

A. 4 号菌分别在查氏、YA、PYA、C-PDA、WA、PDA 培养基上的生长情况；

B. 5 号菌分别在 YA、C-PDA、PYA、查氏、WA、PDA 培养基上的生长情况

（2）不同 pH 对病原菌的影响

4 号、5 号菌在 pH 2～12 均可生长，pH 8 时生长最好，其次是 pH10（表 9-6，图 9-13，图 9-14）。

表 9-6 不同 pH 对病原菌的影响

pH	4 号菌			5 号菌		
	菌丝生长	菌落颜色	菌落平均直径 /cm	菌丝生长	菌落颜色	菌落平均直径 /cm
2	＋	白色	2.80	＋	灰白色	2.55
4	＋＋	灰黑色	3.00	＋	灰黑色	2.58
6	＋＋	灰黑色	3.05	＋＋	灰黑色	2.60
8	＋＋＋＋	灰黑色	3.30	＋＋＋＋	灰黑色	3.20
10	＋＋＋	灰黑色	3.13	＋＋＋	灰黑色	2.70
12	＋＋	灰黑色	3.05	＋	白色	2.50

注：＋＋＋＋最好；＋＋＋较好；＋＋差；＋最差，接种 3 d 后记录

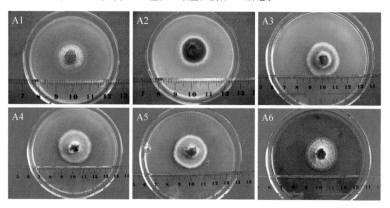

图 9-13 4 号菌在不同 pH 培养基上的生长情况

A1～A6 是 4 号菌分别在 pH 2、4、6、8、10、12 培养基上的生长情况

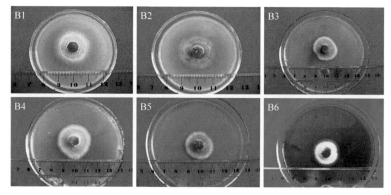

图 9-14 5 号菌在不同 pH 培养基上的生长情况

B1～B6 是 5 号菌分别在 pH 2、4、6、8、10、12 培养基上的生长情况

（3）不同温度对病原菌的影响

菌丝生长温度在 25～30℃，最适温度 25℃，低于 5℃和高于 40℃时不能生长。4 号菌在 5～25℃比 5 号长势好，而 25～40℃下 5 号长势好，说明 5 号菌较

为耐高温，结果如表9-7，图9-15～图9-17所示。

表 9-7 不同温度对病原菌的影响

温度 /℃	4 号菌			5 号菌		
	菌丝生长	菌落颜色	菌落平均直径 /cm	菌丝生长	菌落颜色	菌落平均直径 /cm
5	－	培养基本色	0.80	－	培养基本色	0.80
10	＋	白色	1.10	＋	白色	1.10
15	＋＋	白色	3.10	＋＋	白色	3.00
20	＋＋＋	白色	5.50	＋＋＋	白色	5.40
25	＋＋＋＋	灰白色	8.00	＋＋＋＋	灰白色	7.90
30	＋＋＋	灰白色	6.60	＋＋＋	灰白色	7.50
35	＋＋	白色	2.50	＋＋	白色	2.60
40	－	接种的培养基发黄	0.80	－	接种的培养基发黄	0.80

注：＋＋＋＋最好；＋＋＋较好；＋＋差；＋最差，－不生长，接种 5 d 后记录

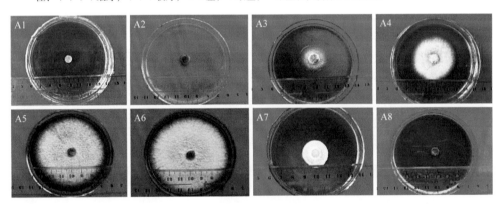

图 9-15 4 号菌在不同温度下的生长情况

A1～A8. 4 号菌分别在 5℃、10℃、15℃、20℃、25℃、30℃、35℃、40℃培养基上的生长情况

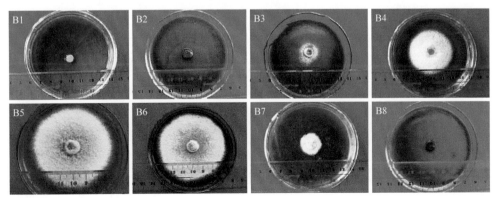

图 9-16 5 号菌在不同温度下的生长情况

B1～B8. 5 号菌分别在 5℃、10℃、15℃、20℃、25℃、30℃、35℃、40℃培养基上的生长情况

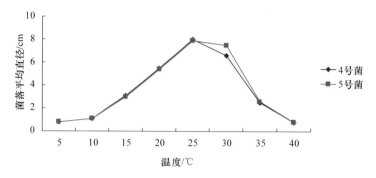

图 9-17　马槟榔致病菌在不同温度下的生长情况

（4）不同光照对病原菌的影响

结果显示病原菌在 24 h 光照时长势最旺，在 12 h 光照时产生同心圆状灰白交替，灰色处较黏稠，黑暗时长势最差（表 9-8、图 9-18）。

表 9-8　不同光照对病原菌的影响

光照条件	4 号菌			5 号菌		
	菌丝生长	菌落颜色	菌落平均直径 /cm	菌丝生长	菌落颜色	菌落平均直径 /cm
12 h 光照	+++	灰白色	6.45	+++	灰白色	6.20
24 h 光照	++++	灰色	7.10	++++	灰色	6.93
黑暗	++	白色	6.10	++	白色	5.93

注：++++最好；+++较好；++差；接种 5 d 后观察

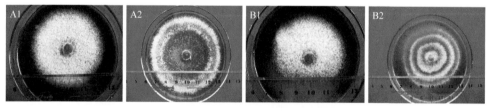

图 9-18　不同光照条件对致病菌的影响

A1、B1. 24h 光照下 4 号、5 号菌的生长情况；A2、B2. 12h 光照下 4 号、5 号菌的生长情况

（5）不同碳、氮源对病原菌的影响

不同氮源（KNO_3、蛋白胨、牛肉膏、酵母膏）中，牛肉膏最有利于菌落生长，KNO_3 最差；不同碳源（淀粉、麦芽糖、乳糖、蔗糖、葡萄糖）中，麦芽糖最有利于菌落生长，葡萄糖最差。碳源促进菌丝生长，菌落呈白色，氮源促进孢子的形成。结果如表 9-9，图 9-19～图 9-21 所示。

表 9-9　不同碳、氮源对病原菌的影响

碳、氮源		4 号菌			5 号菌		
		菌丝生长	菌落颜色	菌落平均直径 /cm	菌丝生长	菌落颜色	菌落平均直径 /cm
碳源	麦芽糖	＋＋＋＋	白色	6.10	＋＋＋＋	白色	6.30
	乳糖	＋＋＋	白色	5.65	＋＋＋	白色	5.45
	蔗糖	＋＋	白色	5.40	＋＋	白色	5.50
	葡萄糖	＋	白色	5.30	＋	白色	5.25
氮源	KNO_3	＋	白色	5.30	＋	白色	5.35
	蛋白胨	＋＋	灰白色	5.75	＋＋	灰白色	6.10
	牛肉膏	＋＋＋＋	灰色	6.90	＋＋＋＋	灰黑色	6.80
	酵母膏	＋＋＋	灰色	6.85	＋＋＋	灰色	6.75
	淀粉	＋＋＋	白色	5.85	＋＋	白色	5.35

注：＋＋＋＋最好；＋＋＋较好；＋＋差；＋最差；接种 5 d 后观察

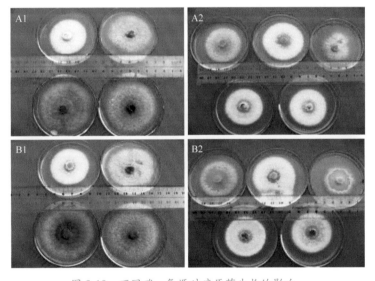

图 9-19　不同碳、氮源对病原菌生长的影响

A1、B1. 相同碳源、不同氮源（KNO_3、蛋白胨、牛肉膏、酵母膏）对 4 号、5 号菌分别培养的性状；

A2、B2. 相同氮源、不同碳源（淀粉、麦芽糖、乳糖、蔗糖、葡萄糖）对 4 号、5 号菌分别培养的性状

9.2.2.6　拮抗菌株的筛选

编号为 304110、307012、304101、304206 的放线菌分别对 4 号、5 号菌具有拮抗作用，其中，304110 对 4 号菌的抑制作用最大，其次是 307012；307012 对 5 号菌的抑制作用最大，其次是 304110（表 9-10）；304206 使菌丝变稀疏而对菌落直径影响不大（图 9-22）。

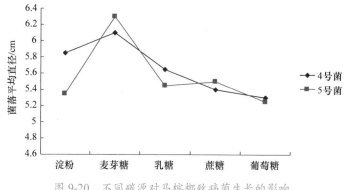

图 9-20　不同碳源对马槟榔致病菌生长的影响

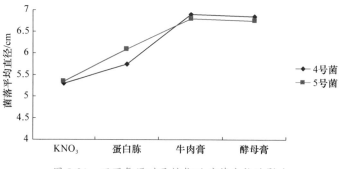

图 9-21　不同氮源对马槟榔致病菌生长的影响

表 9-10　不同放线菌对马槟榔致病菌的抑制率　　　　　　　　　　　单位：%

放线菌编号	4 号菌	5 号菌
304110	30.76	28.57
304206	3.23	25.00
304101	10.46	14.29
307012	18.00	31.29

9.2.3　讨论

1）本研究进行致病性试验时，对病叶在接种前进行处理。本试验不是从健康叶片的正面用针刺小孔来接种，而是使用手术刀在叶片背面划"十"字形伤口接种，这是因为从正面针刺接种时 6 株真菌的致病性效果都不明显，但背面有病斑扩散的迹象，所以本试验对常规方法进行改进，以《真菌鉴定手册》的分类系统为依据，对马槟榔病叶的病原菌分别从培养特性、形态学特性等角度进行研究。

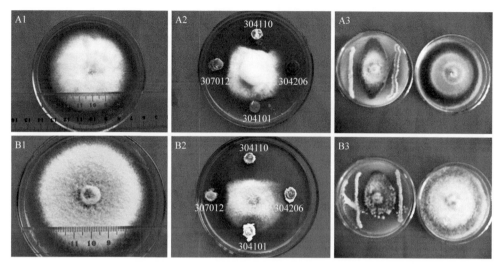

图 9-22　不同放线菌对马槟榔致病菌的抑制效果

A1. 4 号菌作为对照；A2. 304110、304206、304101、307012 分别对 4 号菌的拮抗作用；

A3. 307012 对 4 号菌的拮抗作用；B1. 5 号菌作为对照；B2. 304110、304206、

304101、307012 分别对 5 号菌的拮抗作用；B3. 307012 对 5 号菌的拮抗作用

2）马槟榔致病菌在 C-PDA 培养基上生长最好，在 10～35℃均可生长，最适温度为 25℃，高于 40℃或低于 5℃时菌丝停止生长。

9.2.4　结论

9.2.4.1　马槟榔病害症状

在海南省琼海市阳江镇，马槟榔病叶上出现的病斑近圆形、椭圆形和不规则形，边缘褐色至黑褐色，中部颜色较浅，呈黄色，病斑稍凹陷，潮湿时叶正面轮生橘黄色黏质小点，后变黑。

9.2.4.2　马槟榔致病菌的分离与鉴定

本试验对病叶进行组织分离法，成功分离到 6 株真菌，通过致病性实验可以得出 4、5 号菌具有致病性。

4 号菌在 1～2 d 后即可形成肉眼可见的菌落，中央灰色，外围灰黑色，灰白色菌丝，绒毛状，背面中央灰色，外围灰黑色。不产生菌核，无刚毛，分生孢子单孢，无色，长椭圆形或圆柱状。有菌丝附着孢及分生孢子的附着孢，分生孢子盘，同时分生孢子盘无刚毛。根据《真菌鉴定手册》可以推断该菌为半知菌类黑盘孢目黑盘孢科盘长孢属真菌。

5 号菌 2～3 d 即可形成肉眼可见的菌落，灰白色菌丝，绒毛状，背面灰色，正面和背面均可见同心轮纹，分生孢子单孢，无色，椭圆形或圆柱状。根据《真

菌鉴定手册》可以推断该菌为半知菌类黑盘孢目黑盘孢科盘长孢属真菌。

9.2.4.3 生物学特性

马槟榔致病菌在 C-PDA 培养基上生长最好，在 10～35℃均可生长，最适温度为 25℃，高于 40℃或低于 5℃时菌丝停止生长；病原菌在 pH 2～12 均可生长，以 pH 8 时生长最好；光照最有利于菌丝生长；碳源促进菌丝生长，有机氮促进孢子的形成，无机氮不利于孢子的形成。

9.2.4.4 拮抗菌株的筛选

4 株放线菌对 4 号和 5 号菌具有拮抗作用，对于 4 号菌，304110 的抑制作用最大，其次是 307012，最差为 304206；对于 5 号菌，307012 的抑制作用最大，其次是 304110，最差为 301101；304206 使两种菌菌丝变稀疏，但对菌落直径影响不大。

第 **10** 章　马槟榔的产业化发展

10.1　马槟榔的药用

到目前为止文献记载的马槟榔植物资源有 4 种，分别是马槟榔（*C. masaikai* Levl.）、屈头鸡（*C. versicolor* Griff.）、野槟榔（*C. chingiana* B. S. Sun）和文山山柑（*C. fengii* B. S. Sun），这 4 种都是山柑科山柑属的不同种植物，生物学特征极相似，很容易混淆，在医药上前三种常互相代替使用，只有文山山柑有明显毒性，多食（5 个以上）会中毒甚至死亡。

马槟榔药用始载于《滇南本草》："马槟榔，即马金囊、水槟榔。其仁有纹，盘旋似太极图，又名太极子。味微苦涩、回甜，性凉。入肺、脾二经。清热解烦渴。子，入药，嚼之，饮水愈甜。治咽喉炎"。《本草纲目》也记载马槟榔："实[气味] 甘、寒、无毒。棱仁 [气味] 苦、寒、无毒。[主治]：产难，临时细嚼数枚，井华水送下，须臾立产。再以四枚去壳，两手各握二枚，恶水自下也。欲断产者，常嚼二枚，水下。久则子宫冷，自不孕矣。伤寒热病，含数枚，冷水下。又治恶疮肿毒，内含一枚，冷水下，外嚼涂之，即无所伤"。1977 年版《中华人民共和国药典（一部）》记载："马槟榔气微，味微涩而甜。[功能与主治]清热解毒，用于热病咽喉肿痛，疮疡肿毒"。《云南植物志》记载马槟榔种子可入药，其性苦、甘、寒，可催产、避孕；可清热解毒、治咽喉肿痛、恶疮肿毒；可生津润肺、助消化；还可去斑痧、醒酒等，特别是其种仁食之有经久甜味。马槟榔还是治疗急性扁桃体炎药方的成分之一，药方组成为：茵陈 10 g、马槟榔 10 g（捣碎）、马蹄草 10 g、甘草 5 g、荷叶顶 3 个（用冷水浸湿后，在每个荷叶顶上抹食盐 2 g，随即在文火上稍烘至微黄，冷却后备用），以上诸药用冷水约 500 mL 浸泡 10 min，再煎 20 min，每次取汁 100 mL，慢慢含咽，日服 1 剂，连服 3~4 剂痊愈。陈文红（2000）等报道马槟榔种仁入药（又名太极子），性苦、甘、寒（先苦后甜），具清热解毒，生津止渴之功效，可治咽喉炎（为成药上清丸的重要成分），还可治恶疮肿毒、难产、麻疹等，具有避孕作用，民间用于杀除人体内寄生虫。农训学（2008）报道马槟榔种子具有清热解毒、生津止渴、消食等功能。用于热病咽喉肿痛、暑热口渴、食滞胀满、疡肿毒等病症。常用量为 3～9 g，嚼细后冷开水送服。农训学还报道了马槟榔种子采后加工的相关技术。

10.2　马槟榔规模化栽培种植

马槟榔具有良好的药用价值，野生资源极其有限。为了保护利用这一珍贵的甜蛋白植物资源，人工引种驯化栽培势在必行。目前马槟榔人工引种驯化栽培研究仅见贵州省亚热带作物所代正福报道，其研究了马槟榔种子育苗、扦插繁殖技术及栽培技术等，但自其 1998 年报道至今，还未见相关引种驯化和迁地种植成功的报道。广西百色地区德保县龙光镇曾经大面积种植过马槟榔，但由于缺乏技术，该种植基地现已无存活植株。

根据市场调查，马槟榔的种子市价约为 300 元 /500g，经估算每亩马槟榔可产种子 50 kg 以上，其产出在三万元每亩。林槟套种的模式可以增加单位土地面积收益，是山区农民脱贫致富的良好选择。马槟榔属多年生藤本植物，一次种植多年收获，生态效益十分明显。因此寻找适宜的土地、实现马槟榔的人工规模化栽培具有十分重要的意义。

10.3　马槟榔甜蛋白产业

20 世纪 70 年代，有研究人员从两种热带雨林植物中分离出 Thaumatin 和 Monellin 两种有甜味的蛋白质，使人们相信蛋白质也可具有甜味。之后，另外几种甜蛋白被相继发现。1983 年我国科学工作者胡忠等从云南植物马槟榔中分离到甜蛋白 Mabinlin。迄今为止，全世界已从植物中发现并分离出了 7 种甜味蛋白：5 种蛋白质本身具有甜味——Thaumatin、Monellin、Mabinlin、Pentadin 和 Brazzein；Miraculin 为甜味诱发蛋白，具有味调节功能，可以使其他味感（如酸味）变为甜味；Curculin 不仅蛋白质本身具有甜味，而且还具有味调节功能，兼具甜蛋白和甜味诱发蛋白的性质，遇水时可再次激发产生甜味。以上 7 种甜蛋白的分离提纯、生化特性、分子遗传性质等研究均已完成，有些甜蛋白还通过基因工程或化学方法实现了人工合成。7 种甜蛋白中，研究较多也较清楚的是 Thaumatin 和 Monellin。马槟榔种子作为中药材在我国有悠久的应用历史，是清热、解毒、润喉的常用药，对其种子中 Mabinlin 的研究始于 20 世纪 90 年代，蛋白质的结构和生物学特性已有深入了解。

马槟榔种仁嚼之先有苦涩味，稍后即有持久性甜感。苦味物质经证明为恶唑烷 -2- 硫酮，甜味由一种碱性清蛋白所引起，称为马槟榔甜蛋白，该蛋白具有组织表达特异性，是马槟榔种子的主要储存蛋白，位于胚轴细胞的蛋白体中，其含量为蛋白体总蛋白的 90%。

天然存在的 Mabinlin 现已发现 4 种同系物蛋白：Mabinlin Ⅰ-1，Mabinlin Ⅱ，Mabinlin Ⅲ 和 Mabinlin Ⅳ，在结构上有较高的同源性。马槟榔果实的种子经 0.5 mol/L NaCl 抽提、硫酸氨分级、CM-Sepharose 柱分离，并通过在 HPLC 的不同保留时间，可以得到 4 种不同的同系物蛋白，所得样品纯度较高。在马槟榔甜蛋白同系物中研究最多的是 Mabinlin Ⅱ，它由两条肽链通过非共价作用较紧密地结合在一起。Mabinlin Ⅱ 经长时间高温处理后，一旦冷却又能恢复原有的构象，如将其应用到食品加工中，则它基本能承受巴斯德消毒一类的加工处理；其 PI 值为 11.3，在酸性条件下比较稳定；其甜度在重量基础上比较，相当于蔗糖的 400 倍。

Mabinlin Ⅱ 全长基因为 465 bp，编码一个 155 个氨基酸的蛋白前体（prepromabinlin）；而成熟的具有甜味的蛋白质由 A 链和 B 链组成，分别为 33 和 72 个氨基酸。其中 A 链位于蛋白前体第 36～68 位，B 链位于第 83～154 位。蛋白前体 N- 端的 35 个氨基酸（Met^1～Asn^{35}）包括一个由 20 个氨基酸（Met^1～Ala^{20}）组成的信号肽和一个由 15 个氨基酸（Ser^{21}～Asn^{35}）组成的 N- 端延伸肽，A 链和 B 链之间有一个 14 个氨基酸（Glu^{69}～Asn^{83}）组成的连接肽，蛋白前体的 C- 端为一个氨基酸（Pro^{155}）组成的 C- 端延伸；信号肽、N- 端延伸肽、连接肽、C- 端延伸在蛋白质的后加工过程中被剪切掉，从而形成 A 链和 B 链，由非共价键结合形成成熟蛋白质。Mabinlin Ⅱ 成熟分子中含 4 个二硫键，一个位于 A 链（Cys5-Cys18），三个位于 B 链（Cys10-Cys11，Cys21-Cys23，Cys59-Cys67）。二硫键对于稳定 Mabinlin Ⅱ 的结构有重要作用。

马槟榔甜蛋白的其他同系物也被分离纯化，分别被命名为 Mabinlin Ⅰ-1，Mabinlin Ⅲ 和 Mabinlin Ⅳ。除了 Mabinlin Ⅰ-1，其他的马槟榔甜蛋白在经过 80℃ 温浴 1 h 后都能保持甜味，圆二色谱证明 Mabinlin Ⅱ～Ⅳ 主链中的 α- 螺旋没有发生改变，而 Mabinlin Ⅰ-1 主链中的 α- 螺旋几乎完全被破坏。人们首先试图通过比较 Mabinlin Ⅰ-1 和其他甜蛋白二硫键的差异来寻找这种热稳定性不同的原因，结果发现二硫键并不能解释这种差异，因为在 Mabinlin Ⅰ-1 和 Mabinlin Ⅱ 中二硫键的数目和位置是一样的。进一步分析氨基酸序列，表明在马槟榔甜蛋白中氨基酸序列有很高的同源性，Mabinlin Ⅰ-1 和 Mabinlin Ⅲ 中仅有三个氨基酸（A 链中第 21 位，31 位和 B 链中第 47 位）不同，Mabinlin Ⅳ A 链中第 28～32 位氨基酸缺失，A 链中第 21 位氨基酸与 B 链中第 47 位氨基酸和 Mabinlin Ⅲ 中的相同。比较后发现 B 链的第 47 位氨基酸是精氨酸时甜蛋白（Mabinlin Ⅱ～Ⅳ）表现出热稳定性，而当第 47 位氨基酸是谷氨酸时甜蛋白（Mabinlin Ⅰ-1）表现为热不稳定性。进一步研究发现，当 47 位氨基酸为精氨酸时在 A 链的 C- 末端与 B 链之间会形成一个盐键。

编码 4 种马槟榔甜蛋白（Mabinlin Ⅰ-1，Mabinlin Ⅱ，Mabinlin Ⅲ，Mabinlin Ⅳ）

基因的 cDNA 已被克隆并测序。*Mabinlin IV* 可由 *Mabinlin III* 剪切而得，因为IV型短链的 C- 末端比III型要短（差 4 个氨基酸）。Guan 和 Zheng 等（2000）曾获得了马槟榔甜蛋白两种形式的晶体，对其中一种进行了 2.8 Å 分辨率的衍射分析，发现存在参数为 a=50.16，b=50.17，c=70.60 Å，β=99.6° 的晶胞单元，每一非对称单元中含 4 个分子。

Mabinlin II 和 Thaumatin I、Monellin、Curculin、Miraculin 等甜味蛋白的氨基酸序列之间没有明显的同源性，但 Mabinlin II 的氨基酸序列和拟南芥的 2S 种子储藏蛋白（seed storage protein），尤其是 2S 白蛋白（albumin）AT2S 之间的序列有很高的相似性，而后者没有甜味。2S 白蛋白 AT2S3 和 A 链 4～20 位氨基酸中 70.6% 匹配，和 B 链 7～69 位氨基酸有 52.4% 匹配。并且这 2 种蛋白质的 8 个半胱氨酸的位置相同。不同植物如拟南芥、欧洲油菜（*Brassica napus*）、蓖麻（*Ricinus communis*）和巴西栗（*Bertholletia excelsa*）的 2S 白蛋白的序列高度相似，因此可以认为 Mabinlin II 是具有甜味的 2S 白蛋白。

目前，甜蛋白种类较少，因其主要只能从天然的植物果实中提取，产量非常有限，相关产品在美国、日本和欧洲等地广受欢迎。甜蛋白主要在饮料、糖果、乳制品、保健品、宠物饲料中作为添加剂或药品辅料，其用量少而效果好，市场前景非常广阔，全球每年有几十亿美元的销售市场。多年来作为甜味剂的蔗糖等碳水化合物一直是人们生活中不可缺少的食品，然而人体过多摄入糖类物质容易诱发或导致糖尿病、肥胖症、高血压、冠心病等疾病，化学合成的甜味剂曾一度流行，但因其有致癌的嫌疑且口味不正而逐渐退出了市场，因此寻求低热量、安全无毒、甜味纯正的天然甜味剂已成为必然趋势。甜蛋白与碳水化合物的糖类相比，有其独特之处：①甜度较高，Mabinlin 的甜度是蔗糖的 400 倍，而 Monellin 和 Thaumatin 则更高，约为蔗糖的 3000 倍（以重量为基础比较）；②热量低，1 g 蔗糖产生能量 16.7 kJ，而同样甜度的甜蛋白几乎不产生能量；③甜蛋白由氨基酸组成，含有人体必需的氨基酸，食用较多时也不易刺激胰岛素的上升，不易导致肥胖。与化学合成的甜味剂相比，甜蛋白口味纯正，无毒、无致癌性，纯天然、多功能，正是人们所期待的理想甜味剂。马槟榔的甜味特性已有深入研究，研究者试图将这种甜蛋白作为糖尿病患者的专用甜味添加剂，如果临床研究成功，其将带来巨大的市场效益。

10.4　马槟榔甜蛋白的生物工程研究

马槟榔甜蛋白的生物工程研究总体上分为两个方面：一是利用基因工程技术研究其结构、性质、稳定性及与甜味的关系；二是利用生物工程技术开发和利用这一甜蛋白资源。Kohmura 和 Ariyoshi 等（1998）首先开始了人工合成马槟榔甜蛋白的探索，但随即发现人工合成物因其成本高、副产物混杂、纯化困难而难以达到食品开发的要求。随着基因工程技术的逐渐成熟，人们开始了利用基因工程技术开发甜蛋白的进程。

细菌和酵母首先被考虑用来表达各种甜蛋白，本研究团队进行了 *Mabinlin* 基因在大肠杆菌中的表达研究。也有研究者尝试在毕赤酵母中表达马槟榔甜蛋白，利用发酵工程技术开发该蛋白。在微生物中表达马槟榔甜蛋白时会遇到一些问题：因马槟榔甜蛋白的生物合成过程中存在蛋白前体的翻译后加工，因此在微生物中表达出的仅是单链形式的蛋白质而难以形成高级结构，所以表达的蛋白质没有甜度。因此，研究者开始了在高等植物中表达甜蛋白的探索。Jin 等（1993）用纯化的马槟榔甜蛋白免疫家兔，获得其抗血清，利用此抗血清通过蛋白质印迹技术检测马槟榔甜蛋白，为马槟榔甜蛋白的基因工程研究提供了专一和灵敏的检测方法。已有研究将 *Mabinlin* II 转入马铃薯、莴苣和番茄等植物中进行表达。有研究者将 A、B 亚基之间接入一段连接肽（12~20 个氨基酸），所形成的核苷酸序列转入植物培养组织和植物器官中进行表达，获得了单链重组蛋白（接近于前体蛋白）。中国热带农业科学院生物技术研究所近年来也在开展马槟榔甜蛋白的转基因研究。本研究团队已经从马槟榔种子中分离到 *Mabinlin* 基因，并将该基因进行剪切、重组拼接，以期获得具有甜度的表达产物并在常规农作物的种子中特异表达。总体上来看，*Mabinlin* 基因的表达技术尚在研究探索之中，目前还没有真正具有甜度的活性表达产物报道，因此该技术的产业化发展还存在瓶颈。

参 考 文 献

北京大学, 兰州大学, 南京大学, 等. 1980. 植物地理学. 1版. 北京: 人民教育出版社.

彩万志. 2001. 普通昆虫学. 1版. 北京: 中国农业大学出版社.

陈士林, 卫秀英, 赵新亮. 2004. 赤霉素和钙对玉米种子萌发的效应. 种子, 23 (4): 47~49.

陈文红, 司马永康, 王慷林, 等. 2000. 滇东南的山柑科野生植物种类及其利用价值. 云南林业科技, 3: 24~27.

陈兴永. 2004. 广州地区鹤顶粉蝶的生物学特性. 昆虫知识, 41 (3): 255~257.

代正福. 1998. 水槟榔的用途、植物学特征及引种驯化研究. 热带作物科技, (1): 46~48.

丁鸣, 胡忠. 1986. 马槟榔甜味蛋白的研究Ⅳ: 稳定性和变性. 植物分类与资源学报, (2): 59~70.

杜怀静. 2000. 贵州省地图册. 1版. 北京: 中国地图出版社.

袱香香, 叶建国, 尹增芳. 1998. 外源激素对马褂木生根能力的影响. 林业科技开发, 46~47.

广西植物研究所. 1986. 广西植物志: 第一卷. 南宁: 广西科学技术出版社.

贵州省林业厅. 2000. 贵州野生珍贵植物资源. 1版. 北京: 中国林业出版社.

贵州省亚热带作物科学研究所, 贵州省农业厅科教处. 2003. 贵州亚热带野生经济植物资源及利用. 1版. 贵阳: 贵州民族出版社.

国家测绘局海南测绘资料信息中心. 2008. 海南省地图集. 1版. 广州: 广东省地图出版社.

侯光烔. 1980. 土壤学 (南方本). 2版. 北京: 农业出版社.

侯宽昭, 吴德邻, 高蕴璋, 等. 1982. 中国种子植物科属词典. 2版. 北京: 科学出版社.

胡宝忠. 2002. 植物学. 1版. 北京: 中国农业出版社.

胡适宜, 杨弘远. 2002. 被子植物受精生物学. 北京: 科学出版社.

胡新文, 郭建春, 郑学勤. 1998. 植物甜蛋白 Mabinlin Ⅱ cDNA 的克隆与序列分析. 生命科学研究, 2 (3): 190.

胡忠, 何敏. 1983. 马槟榔甜味蛋白的研究Ⅰ. 云南植物研究, 5 (2): 207~212.

胡忠, 梁汉兴, 刘小烛. 1985. 马槟榔甜味蛋白的研究 - Ⅲ. 在种子中储存的位点和状态. 云南植物研究, 7 (2): 187~195.

胡忠, 彭丽萍, 何敏. 1985. 马槟榔甜味蛋白的研究Ⅱ. 云南植物研究, 7 (1): 1~10.

黄百渠. 1990. 拟南芥菜种子贮藏蛋白性质的鉴定. 植物学报, 32 (1): 32~38.

兰茂. 1978. 滇南本草: 第三卷. 北京: 人民出版社.

李朝. 1997. 《本草纲目》马槟榔疑考. 中国中药杂志, 22 (12): 712~713.

李时珍 (明). 1982. 本草纲目: 下册. 北京: 人民卫生出版社.

刘敬梅, 陈大明, 陈杭. 2001. 甜蛋白基因对莴苣的遗传转化. 园艺学报, 28 (3): 246~250.

罗金陵, 陈永强, 田亚铃. 1987. 不同热水处理和浸种时间对翅荚木种子萌发的影响. 湖南林业科技, (2): 7, 16~18.

农训学. 2008. 马槟榔的采收加工. 民族医药报, 3: 1.

潘健. 2007. 三种柃木属植物扦插生根机理研究. 南京: 南京林业大学博士学位论文.

祁振声. 2002. 佳果良药马槟榔. 云南林业, (1): 17.

谭伟福. 2005. 广西十万大山自然保护区生物多样性及其保护体系. 1版. 北京: 中国环境科学出版社.

汪世泽. 1993. 昆虫研究法. 北京: 中国农业出版社.

王荣青. 2001. 赤霉素浸种处理对茄种子萌发的影响. 上海农业学报, 17 (3): 61~63.

王淑珍, 白晨, 范俊, 等. 2003. 灵芝与糙皮侧耳原生质体融合子基因组 RAPD 分析. 食用菌学报, 10 (1): 1~5.

王颖, 麦维军, 梁承邺, 等. 2003. 高等植物启动子的研究进展. 西北植物学报, 23 (11): 2040~2048.

魏景超. 1979. 真菌鉴定手册. 上海: 上海科学技术出版社.

温远光, 和太平, 谭伟福. 2004. 广西热带和亚热带山地的植物多样性及群落特征. 北京: 气象出版社.

文焕然. 2006. 中国历史时期植物与动物变迁研究. 重庆：重庆出版社.

吴繁花, 于旭东, 王雪兵, 等. 2009. 山奈组织培养. 热带作物学报, 3：256～258.

许方宏, 方良, 李孟. 2003. 影响桉树插穗生根的几个因素研究. 广东林业科技, 19（1）：6～10.

许晓岗. 2006. 垂丝海棠、楸子的扦插生根机理研究. 南京：南京林业大学博士学位论文.

印苏昆. 1998. 茵陈马槟榔饮治疗急性扁桃体炎. 中国民族民间医药杂志, 35：12～13.

于拔. 1987. 云南植被. 北京：科学出版社.

于旭东, 吴繁花, 张超, 等. 2009. 中国特有产甜蛋白植物——马槟榔花果及种子形态学. 热带作物学报,（4）：
57～58.

曾丽, 赵梁军. 2001. 赤霉素与脱落酸对一串红种子休眠及发芽的影响. 上海交通大学学报, 19（4）：276～279.

张红. 2006. 广东省地图册. 北京：中国地图出版社.

张华, 蒋运生, 唐辉, 等. 2002. 赤霉素和低温处理对紫苏种子发芽率的影响. 广西园艺, 44：3～5.

张天真. 2003. 作物育种学总论. 北京：中国农业出版社.

张卫京, 李占元. 2007. 广西地图册. 1版. 长沙：湖南地图出版社.

张文革, 景毅, 程永亮. 2001. 云南红豆杉引种扦插育苗技术研究. 林业科技开发, 15（2）：23～24.

赵海祥, 郭晓光. 1998. 长白落叶松嫩枝扦插技术研究. 河北林业科技,（4）：7～10.

赵美华. 1998. 低温与 GA$_3$ 对萝卜种子发芽的影响. 山西农业科学, 26（3）：74～76.

赵倩, 梁华, 马崇烈, 等. 1999. 玉米 19 kD 醇溶贮藏蛋白基因启动子种子特异性表达控制区段的分析. 植物学
报, 41（1）：51～54.

赵士杰, 杨俊明, 李文治, 等. 1990. 华北落叶松全光自控喷雾扦插技术的研究 // 张颂云. 主要针叶树种应用遗
传改良论文集. 北京：中国林业出版社.

赵翼（清）. 1973. 檐曝杂记：卷3. 台北：文海出版社.

郑成木. 2003. 植物分子标记原理与方法. 长沙：湖南科学技术出版社.

中国科学院昆明植物研究所. 1979. 云南植物志：2卷. 北京：科学出版社.

中国科学院植物研究所. 1972. 中国高等植物图鉴：第33卷, 第二册. 北京：科学出版社.

中国科学院植物研究所. 1982. 中国高等植物图鉴：补编, 第一册. 北京：科学出版社.

中国科学院中国植物志编辑委员会. 1987. 中国植物志. 北京：科学出版社.

中华人民共和国卫生部药典委员会. 1977. 中华人民共和国药典：一部. 北京：人民卫生出版社.

周峻松. 2006. 云南地图册. 北京：中国地图出版社.

周尧. 1994. 中国蝶类志：上册. 河南：河南科学技术出版社.

朱海霞. 2003. 甜蛋白的研究进展. 中国食品添加剂,（6）：11～23.

朱孟震（明）. 1936. 西南夷风土记. 上海：商务印书馆.

朱玉贤, 李毅. 1997. 现代分子生物学. 北京：高等教育出版社.

邹喻苹, 葛颂, 王晓东. 2001. 系统与进化植物学中的分子标记. 北京：科学出版社.

中国西南资源植物数据库. http://www.swplant.csdb.cn/MedicinalPlants1.htm.

Bate N, Twell D. 1998. Functional architecture of a late pollen promoter: pollen-specific transcription is developmentally
regulated by multiple stage-specific and co-dependent activator elements. Plant Mol Biol, 37: 859～869.

Bernard F, Gibbs M. 1996. Sweet and taste-modifying proteins. Nutrition Research, 16: 1619～1630.

Brown J W S, Wandelt G, Feix G, et al. 1986. The upstream regions of zein genes: Sequence analysis and expression in
the unicellular green alga Acetabularia. European J cell Bio1, 42: 161～170.

Bustos M M, Guiltinan M J, Jorano J, et al. 1989. Regulation of β-gluconidase expression in transgenic tobacco plants by
an A/T-rich, cis-acting sequence found upstream of a french bean β-phaseolin gene. Plant Cell, 1: 839～853.

Chamberland S, Daily V, Bernicr P. 1992. The legumin boxes and the 3′ part of a soybean β-conglycinin promoter are
involved in seed gene expression in transgenic tobacco plants. Plant Mol Biol, 19: 937～949.

Chandrasekharan M B, Bishop K J, Hall T C. 2003. Module-specific regulation of the beta-phaseolin promoter during
embryogenesis. Plant J, 33 (5)：853～866.

Colot V, Robert L S, Kavanagh T A, et al. 1987. Localization of sequences in wheat endosperm protein genes which confer tissue- specific expression in tobacco. EMBO J, 6: 3559～3564.

Conte C, Ebeling M, Marcuz A, et al. 2002. Indentification and characterization of human taste receptor genes belonging to the TAS2R family. Cytogenet Genome Res, 98: 45～53.

Cuei H Z, Li M, Guo S D. 1997. Researchs on plant sweet protein . Biotechnology Bulletin, 2: 10～13.

Dickinson C D, Evans R P, Nielsen N C. 1988. RY repeats are conserved in the 5′-flanking region of legumin seed-protein genes. Nucleic Acids Research, 16 (1) : 371.

Ericson M L, Muren E, Gustavsson H O, et al. 1991. Analysis of the promoter region of napin genes from Brassica napus demonstrates binding of nuclear protein in vitro to a conserved sequence motif. Eur J Biochem, 197: 741～746.

Ezcurra I, Ellerstrom M, Wycliffe P, et al. 1999. Interaction between composite elements in the napA promoter: both the B-box ABA- responsive complex and the RY/G complex are necessary for seed-specific expression. Plant Mol Biol, 40: 699～709.

Ezcurra I, Wycliffe P, Nehlin L, et al. 2000. Transactivation of the Brassica napus napin promoter by ABI3 requires interaction of the conserved B2 and B3 domains of ABI3 with different cis-elements: B2 mediates activation through an ABRE, whereas B3 interacts with an RY/G -box. Plant J, 24: 57～66.

Farrant J M, Pammenter N M, Berjak P. 1998. Recalcitrance a curent assessment. Seed Sci an Technol, 16: 155～166.

Faus I. 2000. Recent development in the characteration and biotechnological production of sweet-tasting protein. Appl Microbiol Biotechmol, 53: 145～151.

Forde B G, Heyworth A, Pywell J, et al. 1985. Nucleotide sequence of a B1 hordein gene and the identification of possible upstream regulatory elements in endosperm storage protein genes from barley, wheat and maize. Nucleic Acids Res, 13: 7327～7339.

Foster R, Izawa T, Chua N H. 1994. Plant bZIP Proteins gather at ACGT elements. FASEB J, 8: 192～200.

Fujiwara T, Beachy R N. 1994. Tissue-specific and temporal regulation of a beta-conglycinin gene: roles of the RY repeat and other cis-acting elements. Plant Mol Biol, 24: 261～272.

Gasteiger E, Hoogland C, Gattiker A. 2005. The Proteomics Protocols Handbook. In: John M, Walker ed. Protein Identifiycation and Analysis Tools on the ExPASy Server. New York: New Jersey Humana Press.

Gidoni D, Brosio P, Bond-Nutter D, et al. 1989. Novel cis-acting elements in Petunia Cab gene promoters. Mol Gen Genet, 215: 337～344.

Gilmartin P M, Sarokin L, Memelink J, et al. 1990. Molecular light switches for plant genes. Plant Cell, 2: 369～378.

Guan R J, Zheng J M, Hu Z, et al. 2000. Crystallization and preliminary X-ray analysis of the thermostable sweet protein mabinlin Ⅱ. Acta Crystallogr, 56: 918～919.

Harada S, Otani H, Maeda S, et al. 1994. Crystallization and preliminary X-ray diffraction studies of curculin. A new type of sweet protein having taste-modifying action. Mol Biol, 238: 286～287.

Hu Z, He M. 1986. Research on Capparis masaikai Levl sweet protein. Acta Botanica Yunnanica, 2: 181～192.

Hung L W, Kohmura M, Ariyoshi Y, et al. 1999. Structural differences in D and L-monellin in the crystals of racemic mixture. Mol Bio, 285: 311～321.

Jannick D B, Henrik N, Gunnar von H. 2004. Improved prediction of signal peptides: SignalP 3. 0. Mol Biol, 340: 783～795.

Jin G M, Li X B. 1993. Testing Capparis masaikai sweet protein with protein-printing technology. Nan Kai Journal, 28: 63～67.

Josefsson L G, Lemnan M, Ericson M L, et al. 1987. Structure of a gene encoding the 1.7S storage protein, napin, from Brassica napus. The Journal of Biological Chemistry, 262 (25) : 12196～12201.

Joshi C P. 1987. An inspection of the domain between putative TATA1-box and translation start site in 79 plant genes. Nucleic Acids Res, 15: 6643～6653.

Kapila J, Rycke R D, Montagu M V, et al. 1997. An agrobacterium-mediated transient gene expression system for intact leaves. Plant Sci, 122: 101～108.

Kawagoe Y, Murai N. 1996. A novel basic region/helix-loop-helix protein binds to a G-box motif CACGTTG of the bean seed storage proteinβ-phaseolin gene. Plant Science, 116: 47~57.

Kim S Y, Chung H J, Thomas T L. 1997. Isolation of a novel class of bZIP transcription factors that interact with ABA-responsive and embryo- specification elements in the Dc3 promoter using a modified yeast one-hybrid system. Plant J , 11: 1237~1251.

Kohmura M, Ariyoshi Y. 1998. Chemical synthesis and characterization of the sweet protein mabinlin Ⅱ. Biopolymers, 46: 215~223.

Langridge P, Feix G. 1983. A zein gene of maize is transcribed from two widely separated promoter regions. Cell, 34: 2015~1022.

Larson G, Hladik C M, Hellekant G, et al. 1989. Islation and characterisation of pentadin, the sweet principle of *Pentadiplandra brazzeana* Baillom. Chem Senses, 14: 75~79.

Lee J H, Weickmann J L, Koduri RK, et al. 1988. Expression of synthetic thaumatin genes in yeast. Biochemistry, 27: 101~107.

Lelievre J M, Oliveira L O, Nielsen N C. 1992. Elements modulate the expression of glycinin genes. Plant Physiol, 98: 387~391.

Li D F, Jiang P, Zhu D Y, et al. 2008. Crystal structure of Mabinlin Ⅱ: a novel structural type of sweet proteins and the main structural basis for its sweetness. Journal of Structural Biology, 162 (1) :50~62.

Li W X. 1996. Molecular cloning and transgenic expression of the sweet protein mabinlin in potato tubers. Plant Physoil, 111: 147~152.

Li X D, Liu J M, Chen H, et al. 2004. Genetic transformation of sweet protein MBL Ⅱ. Acta Bot Boreal, 24: 808~811.

Li X, Staszewski L, Xu H, et al. 2002. Human receptors for sweet and umami taste. Proc Natl Acad Sci, 99: 4692~4696.

Liu J M, Chen D M, Chen H. 2001. Genetic transformation and plant regeneration of lettuce with sweet protein gene MAB Ⅱ. Acta Horticulturae Sinica, 28: 246~250.

Liu X Z, Maeda S J, Hu Z, et al. 1993. Purification, complete amino acid sequence and structural characterization of the heat-stable sweet protein, mabinlin Ⅱ. Eur J Biochem, 211: 281~287.

Lupas A, van Dyke M, Stock. 1991. Predicting coled coils from protein sequences. Science, 252: 1162~1164.

Lzawa H, Ota M, Kohmura M, et al. 1996. Synthesis and characterization of the sweet protein brazzein. Biopolymers, 39: 95~101.

Margolskee R F. 2002. Molecular mechanisms of bitter and sweet taste transduction. Bio Chem, 277: 1~4.

Nelson G, Hoon M A, Chandrashekar J. 2001. Mammalian sweet taste receptors. Cell, 106: 381~390.

Nirasawa S, Liu X, Nishino T, et al. 1993. Disulfide bridge structure of the sweet protein mabinlin Ⅱ. Biochim Biophys Acta, 12: 277~280.

Nirasawa S, Masuda Y, Nakaya K, et al. 1996. Cloning and sequencing of a cDNA encoding a heat-stable sweet protein, mabinlin Ⅱ. Gene, 181: 225~227.

Nirasawa S, Nishino T, Katahira M, et al. 1994. Structures of heat-stable and unstable homologues of the sweet protein mabinlin. Eur J Biochem, 223: 989~995.

Nirasawa S, Nishino T, Katahira M, et al. 1994. Structures of heat-stable and unstable homologues of the sweet protein mabinlin, the difference in the heat stability is due to replacement of a single amino acid resedue. Eur Biochem, 233: 989~995.

Nirasawa S, Nishino T, Katahira M, et al. 2005. Sweet proteins-potential replacement for artificial low calorie sweeteners. Nutrition Journal, 4: 10~16.

Quattrocchio F, Tolk M A, Coraggio I. 1990. The maize zein gene zEl9 contains two distinct promoters with are independently activated in endosperm and anthers of transgenic petunia plants. Plant Mol Biol, 15: 81~93.

Ravo K, Mohan B R, Ramakumar S, et al. 2005. Sweet and taste modifying proteins-comparative modeling and docking studies of curculin, mabinlin, miraculin with the T1R2-T1R3 receptor. Mol Des, 4: 106~123.

Reeves C D, Okita J W. 1987. Analysis of α/β-gliadin genes from dipliod and hexaploid wheats. Gene, 52: 257~266.

Reyes J C, Muro-Pastor M I, Florencio F J. 2004. The GATA family of trans- cription factors in *Arabidopsis* and rice.

Plant Physiol, 134: 1718~1732.

Roberts E H. 1973. Predicting the storage life of seeds. Seed Sci & Technol, 1: 499~514.

Satoru N, Yutaka M, Kazuyasu N, et al. 1996. Cloning and sequencing of a cDNA encoding a heat-stable sweet protein, mabinlin II. Gene, 181: 225~227.

Schindler U, Beckmann H, Cashmore A R. 1992. TGA1 and G-box binding factors: two distinct classes of *Arabidopsis leucine* zipper proteins compete for the G-box-like element TGACGTGG. Plant Cell, 4 (10) : 1309~1319.

Shi J K, Ye Y H, Tian G L, et al. 1998. Protein of sweetness. Chemistry Bulletin, 8: 21~25.

Shirley B W, Hanley S, Goodman H M. 1992. Effects of ionizing radiation on a plant genome: analysis of two Arabidopsis tranaparent testa mutations. Pant Cell, 4: 333~347.

Shirsat A, Wilford N, Croy R, et al. 1989. Sequences responsible for the tissue specific promoter activity of a pea legumin gene in tobacco. Molecular and General Genetics, 215: 326~331.

Spolaore S, Trainotti L, Giorgio C. 2001. A simple protocol for transient gene expression in ripe fleshy fruit mediated by *Agrobacterium*. J Experimental Botany, 52 (357) : 845~850.

Stalberg K, Ellerstom M, Ezcurra I, et al. 1996. Disruption of an overlapping E-box/ABRE motif abolished high transcription of the napA storage-protein promoter in transgenic *Brassica napus* seeds. Planta, 199: 515~519.

Summer-Smith A, Rafalski A J, Sugiyama T, et al. 1985. Conservation and variability of wheat alpha/beta-gliadin genes. Nucleic Acids Res, 13: 3905~3916.

Sunil K, Karin G, Guilloteau M, et al. 2001. Isolation and characterization of 2Scocoa seed albumin storage polypeptide and the corresponding c-DNA. Agric Food Chem, 49: 4470~4477.

Takahashi N, Hitotsuya H, Hanzawa H, et al. 1990. Structural study of asparagine-linked oligosaccharide moiety of taste-modifying protein, miraculin. Biol Chem, 265: 7793~7798.

Teakle G R, Manfield I W, Graham J F, et al. 2002. *Arabidopsis thaliana* GATA factors: organisation, expression and DNA-binding characteristics. Plant Mol Biol, 50: 43~57.

Vicente-Carbajosa J, Moose S P, Parsons R L, et al. 1997. A maize zinc-finger protein binds the prolamin box in zein gene promoters and interacts with the basic leucine zipper transcriptional activator Opaque2. Proc Natl Acad Sci USA, 94 (14): 7685~7690.

Vincentz M, Leite A, Neshich G, et al. 1997. ACGT and vicilin core sequences in a promoter domain required for seed-specific expression of a 2S storage protein gene are recognized by the opaque-2 regulatory protein. Plant Molecular Biology, 34: 879~889.

Weihrauch M R, Diehl V, Bohlen H. 2002. Artificial sweeteners-are they potentially carcinogenic. Med Klin, 96: 670~675.

Wu C Y, Haruhiko W, Yasuyuki O, et al. 2000. Quantitative nature of the Prolamin-box, ACGT and AACA motifs in a rice glutelin gene promoter: minimal ciselement requirements for endosperm-specific gene expression. The Plant J, 23 (3) : 415~421.

Yoshie K. 1992. Characteristics of antisweet substances, sweet proteins and sweetness- inducing proteins. Food Scienceand Nutrition, 32: 231~252.

Zhao G Q, Zhang Y, Hoon M A, et al. 2002. The receptor for mammalian sweet and umami taste. Cell, 115: 255~266.